堆肥有机质演化特征
及其环境效应

何小松　席北斗　单光春　著

科学出版社

北　京

内 容 简 介

本书是一部介绍生活垃圾堆肥过程有机物组成、演化及其环境效应的专著。以堆肥过程微生物直接利用的有机质——溶解性有机质（dissolved organic matter，DOM）为介质，采用现代光谱学（紫外、红外、荧光）、质谱学、色谱学（分子排阻色谱和反相极性色谱）及电化学技术，结合平行因子分析、二维相关光谱等化学计量学解谱方法，以及典范对应分析、聚类分析等多元统计学手段，详细介绍了生活垃圾工厂化堆肥过程有机质组成和结构特征、演化规律及微生物转化机制、还原和络合重金属特征、促进农药转化规律，以及堆肥渗滤液有机质中碳氮去除规律。

本书可供环境科学与工程、环境化学、分析化学、农业资源与环境等相关领域的研究人员和管理人员、高等院校师生参考。

图书在版编目（CIP）数据

堆肥有机质演化特征及其环境效应/何小松，席北斗，单光春著. —北京：科学出版社，2020.3

ISBN 978-7-03-064452-7

Ⅰ.①堆… Ⅱ.①何… ②席… ③单… Ⅲ.①堆肥-有机质演化-研究 ②堆肥-环境效应-研究 Ⅳ.①S141.4

中国版本图书馆 CIP 数据核字（2020）第 027576 号

责任编辑：刘 冉 付林林 / 责任校对：杜子昂
责任印制：吴兆东 / 封面设计：北京图悦盛世

科 学 出 版 社 出版
北京东黄城根北街 16 号
邮政编码：100717
http://www.sciencep.com

北京中石油彩色印刷有限责任公司 印刷
科学出版社发行 各地新华书店经销

*

2020 年 3 月第 一 版 开本：720 × 1000 B5
2020 年 3 月第一次印刷 印张：9 1/4 插页：2
字数：190 000

定价：98.00 元
(如有印装质量问题，我社负责调换)

前　言

随着我国人口的不断增长和城市化进程的日益发展，城市生活垃圾的产量与日俱增。堆肥能使废弃物体积和质量减量达 50%以上，并能提高填埋垃圾的稳定性，生产出可用于农业的有机肥产品，因而是有效的废弃物处置方式。

经堆肥处理达到稳定的生活垃圾填埋后所释放出的填埋气量少、渗滤液污染物浓度低，因此堆肥处理在一些国家被用于垃圾填埋预处理，以降低填埋垃圾中有机质含量和提高填埋垃圾的稳定性。堆肥是一个有机质（OM）矿化和腐殖化的过程，在此过程中有机质芳香结构和烷基结构的增加对其抗微生物降解起着重要作用，有机质腐殖化程度的高低直接影响着经堆肥处理后垃圾的稳定性。作为有机质中的活性组分，堆肥溶解性有机质（DOM）变化的研究，比固相有机质更能直接反映有机质降解过程和有效表征垃圾稳定性。目前尽管关于堆肥过程中有机质转化的研究很多，但大多数都集中在有机质的演化规律上，关于其转化机制、络合和还原重金属特征、促进农药转化机制及渗滤液 DOM 去除的研究较少。

基于上述问题，本书分三部分研究堆肥有机质演化特征及其环境效应：第一部分为第 1~4 章，研究内容为堆肥过程有机质组成与演化机制；第二部分为第 5~8 章，研究内容为堆肥有机质环境效应与作用机制；第三部分为第 9~12 章，研究内容为堆肥渗滤液有机质产生特征与去除规律。

本书通过开展堆肥有机质的演化特性及其环境效应研究，阐明了堆肥过程中有机质的演化特征、微生物转化机制、络合和还原重金属特征及渗滤液有机质产生和去除规律，为深入理解堆肥过程有机质演化提供新的视角。

限于时间和精力，书中难免有疏漏或不妥之处，敬请广大读者批评指正。

著　者

2019 年 10 月于北京

目　录

彩图

第一部分　堆肥过程有机质组成
与演化机制

第1章 堆肥过程有机质总体降解与腐殖化特征

1.1 堆肥过程有机质降解与演化

堆肥样品采集于北京某生活垃圾综合处理中心的堆肥车间,该车间日处理能力在 800~1000 t。从北京不同收集点转运的生活垃圾,经手工分选和机械分选除去金属、塑料和玻璃等杂质后,将剩余生活垃圾进行堆肥处理。整个堆肥过程分为两个阶段,即一次发酵阶段和腐熟阶段。一次发酵持续 21 天,其间每 2 天翻堆一次,湿度维持在 50%~65%;腐熟持续 30 天,其间每 7 天进行一次机械翻堆。为研究 DOM 在堆肥过程中的演化规律,分别于堆肥的第 0 天、7 天、14 天、21 天和51 天从堆体顶端到底端不同点位采样,每点取三份,混合均匀。

1.1.1 红外光谱分析

堆肥前后样品中 DOM 的红外光谱如图 1-1 所示,其主要吸收峰及对应的官能团如下:①在 3372~3381 cm^{-1} 处有一个强吸收峰,该峰主要由酚类、醇类、羧基中的 O—H 键及酰胺类、胺类的 N—H 键伸缩振动引起;②2981 cm^{-1} 附近的吸收峰与芳香结构中 C—H 键的伸缩振动有关;③2931~2936 cm^{-1} 和 2875 cm^{-1} 两处的吸收峰是由脂肪结构 C—H 键伸缩振动引起的;④1645~1655 cm^{-1} 附近的吸收峰与芳香环中 C=C 键的伸缩振动有关;⑤ 1517 cm^{-1} 处的尖峰与酰胺中N—H 键的变形振动和 C=N 键的伸缩振动有关(酰胺Ⅱ区);⑥1408~1419 cm^{-1} 处出现了尖吸收峰,通常认为该峰是由羧基中 C—O 键的对称伸缩振动、O—H 及 C—O—H 键的变形振动和 COO$^-$的对称伸缩振动引起的;⑦1371 cm^{-1} 处的弱吸收峰与酚羟基中 O—H 键的变形振动、C—O 键的伸缩振动和 COO$^-$的反对称伸缩振动有关;⑧1270 cm^{-1} 附近的弱吸收峰与羧基中 C—O 键的伸缩振动,O—H 键的变形振动和芳香醚、酚中的 C—O 键伸缩振动有关;⑨1125~1145 cm^{-1} 处的吸收峰可能由脂肪族 C—OH 键的伸缩振动引起;⑩1114 cm^{-1} 处有一个尖峰,该峰由二元醇或醚中 C—O 键的伸缩振动引起;⑪1044~1048 cm^{-1} 处的吸收峰一般与多糖或多糖类物质中 C—O 键的伸缩振动有关[1-4]。

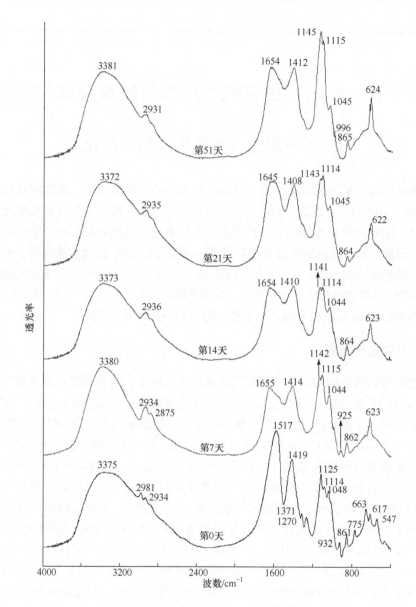

图 1-1　不同堆肥阶段 DOM 的红外光谱

　　未经堆肥处理的生活垃圾中提取的 DOM 的红外光谱与经过堆肥处理的明显不同，1517 cm⁻¹、1371 cm⁻¹ 和 1270 cm⁻¹ 处的吸收峰在堆肥 7 天后消失，表明酰胺类、芳香醚类和酚类在堆肥一次发酵时被迅速降解。经堆肥处理不同时间的样品中 DOM 的红外光谱相似，但吸收峰的相对强度不同。在堆肥过程中，2934 cm⁻¹、2875 cm⁻¹、1115 cm⁻¹ 和 1044 cm⁻¹ 处吸收峰的相对强度不断减弱，而在 1654 cm⁻¹

处吸收峰的相对强度却呈增加趋势。这一结果可能与脂肪类、醇、醚和多糖等的持续降解，产生供微生物活动的能源，以及堆肥有机质芳构化程度提高有关[1-4]。因此，堆肥是一个生物降解化合物和有机质芳香性增加的过程。

1.1.2　紫外-可见吸收光谱分析

图 1-2 为不同堆肥时期提取 DOM 的紫外-可见吸收光谱。与前人的研究类似，所有堆肥 DOM 样品的紫外-可见吸收光谱相似，在 280 nm 附近出现了一个肩峰。堆肥 DOM 的紫外吸收强度随堆肥时间的延长而增加，且第 7 天、14 天、21 天及 51 天样品的紫外吸收强度约为堆肥第 0 天样品的 4 倍。

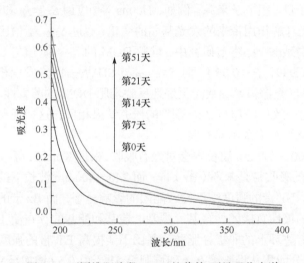

图 1-2　不同堆肥阶段 DOM 的紫外-可见吸收光谱

尽管一些学者认为 DOM 的紫外-可见吸收光谱因缺乏明显的特征峰而用处不大[5]，但大量研究表明，详细地分析紫外-可见吸收光谱能够得到有关 DOM 化学结构的重要信息。为进一步研究堆肥过程 DOM 结构演化规律，采用 $SUVA_{254}$（单位浓度样品 254 nm 处的特征紫外吸收值）、E_2/E_3（样品在 250 nm 和 365 nm 处吸光度的比值）、$S_{275\sim295}$（275～295 nm 吸收光谱斜率）、$S_{350\sim400}$（350～400 nm 吸收光谱斜率）及 $A_{240\sim400}$（240～400 nm 紫外吸收积分面积）进行了分析（表 1-1）。

表 1-1　不同堆肥阶段 $SUVA_{254}$、E_2/E_3、$S_{275\sim295}$、$S_{350\sim400}$ 及 $A_{240\sim400}$ 的紫外-可见吸收光谱变化

堆肥时间/d	$SUVA_{254}$	E_2/E_3	$S_{275\sim295}$	$S_{350\sim400}$	$A_{240\sim400}$
0	0.19	7.00	3.60	5.52	0.59
7	0.93	6.80	3.30	5.23	5.18
14	0.96	7.78	3.36	5.45	5.16
21	1.19	6.20	3.34	5.12	6.63
51	1.54	4.75	3.25	4.71	9.25

$SUVA_{254}$ 值与待测样品 DOM 中芳香碳含量呈正相关[6]，在堆肥过程中该值随堆肥时间的延长而增加，表明堆肥 DOM 的芳香性随堆肥的进行而增加。

465 nm 和 665 nm 处的吸光度之比（即 E_4/E_6）常用于表征腐殖质类物质的结构特性[5, 7]。然而，E_4/E_6 在表征非腐殖质类物质时是无效的[5]，因为在大多数情况下，样品在 665 nm 下的吸光度较难检测到[8]。因此，本节研究中选择 E_2/E_3 作为表征堆肥过程中 DOM 组分变化的参数。E_2/E_3 值与样品腐殖化程度和分子量成反比[9]，在堆肥过程中该值随时间的延长而下降，显示堆肥过程中 DOM 的腐殖化程度和分子量不断增加。

光谱斜率参数比单一吸光度值能提供更多的有用信息，因此也被广泛用于表征有机质的分子量、组成及来源。例如，Helms 等[8]应用 $S_{275\sim295}$ 和 $S_{350\sim400}$ 值描述了 DOM 由于光降解作用带来的发光基团的变化；通过 $S_{350\sim400}$ 值区分土壤和湖泊沉积物来源的腐殖酸[10]。本节研究中，堆肥 DOM 的 $S_{275\sim295}$ 值与 $SUVA_{254}$ 呈显著负相关（$R > -0.939$，$P < 0.05$），而 $S_{350\sim400}$ 与 $SUVA_{254}$ 间未发现相关性。这一结果表明，短波长区光谱斜率参数能更好地反映堆肥 DOM 的芳香性。这虽与 Helms 等[8]的研究结论一致，但却与 Jin 等[10]的研究结果相反，这一现象可能与有机质本身结构的复杂性及来源不同有关。

DOM 在 200~400 nm 波长内会对光有吸收，根据 Korshin 等[11]的报道，200~230 nm 波长下的吸收带是苯环（Bz）带，而 240~400 nm 波长下的吸收带是电子转移（ET）带。ET 带的强度受极性官能团的影响显著，而 Bz 带的强度几乎不受影响。芳香环的极性官能团如羟基、羰基、羧基和酯基的存在使 ET 带的强度提高。相反地，芳香环上的非极性脂肪族基团不能提高 ET 带的强度[11]，本节研究中，ET 带的积分面积从堆肥第 0 天到堆肥第 51 天由 0.59 增加至 9.25，同时第 7 天、14 天、21 天、51 天的堆肥样品的积分面积是堆肥第 0 天的 8 倍以上。这一结果表明随堆肥时间的延长，DOM 的芳香结构中含氧官能团的取代程度不断加强，并且这一变化主要发生在堆肥初期，这一结论与 Vieyra 等[12]的报道相一致。

1.1.3　荧光光谱分析

有机质的荧光性主要与缩合的芳香环和不饱和脂肪族碳链的存在有关。根据 Senesi 等[13]的研究报道，有机质在短波长下的荧光信号与简单结构的低芳香聚合官能团的存在有关，而在长波长下的荧光信号与复杂结构的高共轭度官能团的存在有关。因此，最大荧光峰的位移与芳香基团的分子聚合度的增加有关[14]。高芳香缩合官能团通常具有更高的化学稳定性，可增加有机质在环境中的停留时间，因而能更好地改善土壤结构，提高土壤肥力[15]。

本节研究中，堆肥 DOM 的发射光谱表现为一个宽峰，且经过 51 天的堆肥后最大荧光峰移至 360~430 nm［图 1-3（a）］，表明在堆肥过程中芳香基团的聚合度增加。堆肥过程中 A_{351} 的值迅速增大（表 1-2），该值与有机质腐殖化程度呈正相关，显示堆肥材料的腐殖化程度随堆肥时间的延长而增加，该结论与前人研究一致[16]。

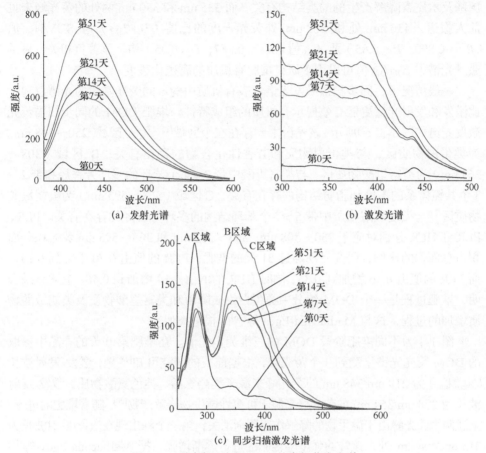

(a) 发射光谱

(b) 激发光谱

(c) 同步扫描激发光谱

图 1-3　不同堆肥阶段 DOM 的常规荧光光谱

表 1-2　不同堆肥阶段的荧光腐殖化参数变化

堆肥时间/d	A_{351}	I_{436}/I_{383}	PLR	FLR	HLR	区 I a	区 II b	区 III c	区 IV d	区 V e
0	6565	1.11	0.70	0.16	0.14	0.222	0.390±0.017	0.195	0.112	0.082
7	40162	0.49	0.30	0.30	0.40	0.053	0.209±0.011	0.408	0.102	0.229
14	46174	0.47	0.29	0.32	0.39	0.056	0.190±0.012	0.414	0.102	0.238
21	54843	0.43	0.24	0.33	0.43	0.028	0.129±0.009	0.472	0.094	0.276
51	72474	0.45	0.19	0.35	0.46	0.020	0.134±0.013	0.449	0.098	0.298

注：$P_{i,n}$ 代表荧光区域响应百分比。

a：区 I 代表类色氨酸物质；b：区 II 代表类酪氨酸物质；c：区 III 代表类富里酸物质；d：区 IV 代表可溶性微生物降解产物；e：区 V 代表类胡敏酸物质。

堆肥 DOM 的激发光谱比发射光谱呈现出更多的峰［图 1-3（b）］。本节研究中堆肥 DOM 的激发光谱图出现了 4 个主要特征峰，根据 Maria Rosaria 等[17]的研究，436 nm 处的荧光峰与芳香环上存在的电子供体有关，383 nm 处的荧光峰与羧基及木质素降解产生的酚类结构有关，而 335 nm 和 350 nm 两处的荧光峰未见前人报道。436 nm 处和 383 nm 处荧光强度的比值（I_{436}/I_{383}）与 SUVA$_{254}$ 值（$R = -0.890$，$P < 0.05$）及 A_{351} 值（$R = -0.887$，$P < 0.05$）均呈显著负相关，显示激发光谱中 I_{436}/I_{383} 值可以用于研究堆肥有机质的腐殖化程度。

一般情况下，同步扫描激发谱代表有机质中的不同荧光基团的光谱总和，比激发和发射光谱更能有效揭示有机质的组成特性。堆肥 DOM 的同步扫描荧光激发光谱如图 1-3(c)所示，该光谱主要存在三个区域[15, 17]：A 区域（250～308 nm）为类蛋白物质区，与类蛋白物质和芳香性化合物的存在有关；B 区域（308～363 nm）为类富里酸物质区，与类富里酸中带 3～4 个苯环的多环芳香烃和带 2～3 个共轭体系的不饱和脂肪结构的存在有关；C 区域（363～595 nm）为类胡敏酸物质区，与类胡敏酸物质中带 5～7 个苯环结构的多环芳香烃的存在有关。PLR、FLR 和 HLR 分别对应于 250～308 nm、308～363 nm 和 363～595 nm 荧光积分面积占总面积的比例，研究发现经过 51 天的堆肥，PLR 的值由 0.70 下降到 0.19，而 FLR 的值由 0.16 增加到 0.35，同时 HLR 的值由 0.14 增加到 0.46。上述结果表明，堆肥过程是一个 DOM 组分中类蛋白物质降解和类富里酸物质及类胡敏酸物质增加的过程，这与 Marhuenda-Egea 等[16]的报道类似。

图 1-4 为不同堆肥阶段 DOM 的三维荧光光谱。在堆肥第 0 天的样品中提取的 DOM 荧光光谱检测到 3 个荧光峰，根据前人的研究可知[18, 19]，激发/发射波长（$\lambda_{ex}/\lambda_{em}$）为 219 nm/348 nm 的荧光峰来源于类酪氨酸、类色氨酸物质；激发/发射波长为 278 nm/354 nm 的荧光峰来源于可溶性微生物降解产物[20]，随着堆肥的进行，上述两个荧光峰由于微生物的降解作用逐渐消失；第三个峰出现在激发/发射波长为 313 nm/406 nm 处，该峰的强度随堆肥的进行逐渐增强，据 Marhuenda-Egea 等[16]的研究，该峰与类腐殖质物质相关，随堆肥的进行峰强度的提高是高度腐殖化和腐熟化的表现。第 7 天，在激发/发射波长为 220 nm/429 nm 处出现了第四个荧光峰，该峰为类富里酸物质的荧光峰，能用于表征堆肥过程中类富里酸物质的变化 [16]。在堆肥第 51 天后的样品中，检测到一个激发/发射波长为 289 nm/421 nm 的完整荧光峰，据 Shao 等[6]的研究，该峰与类腐殖质物质有关，能表征堆肥有机质的稳定化程度。

为更全面地研究堆肥 DOM 样品的三维荧光光谱特征，本节研究采用荧光区域积分（FRI）技术分析了 5 个激发-发射扫描荧光区[20]。如图 1-4 所示，区 I 和区 II 为短激发波长（< 250 nm）和短发射波长（< 380 nm）下简单芳香族蛋白质类物质（如酪氨酸和色氨酸）的荧光峰[21]；区 III 为短激发波长（< 250 nm）和长

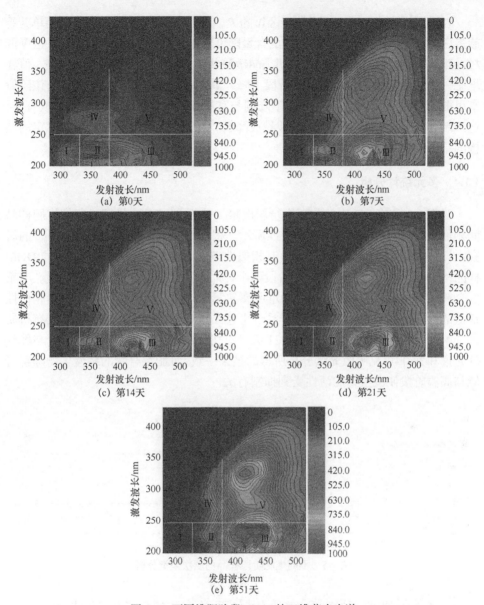

图 1-4　不同堆肥阶段 DOM 的三维荧光光谱

发射波长（＞380 nm）下类富里酸物质的荧光峰[22]；区Ⅳ为中间激发波长（250～280 nm）和短发射波长（＜380 nm）下可溶性微生物降解产物的荧光峰[18, 23]；区Ⅴ为长激发波长（＞280 nm）和长发射波长（＞380 nm）下类胡敏酸物质的荧光峰[18, 23]。累计激发-发射积分面积与相对区域面积形成的荧光响应百分比（$P_{i, n}$）列于表 1-2。

在堆肥过程中，区Ⅰ、区Ⅱ和区Ⅳ的 $P_{i,n}$ 值总体呈下降趋势，这表明简单芳香族蛋白质和可溶性微生物降解产物的含量随堆肥的进行而不断减少。此外，区Ⅴ的 $P_{i,n}$ 值随堆肥的进行显著增加，表明类胡敏酸物质含量不断增加。区Ⅲ的 $P_{i,n}$ 值在堆肥一次发酵阶段上升而在腐熟阶段下降，其在一次发酵阶段上升可能与该阶段富里酸的形成有关，而在腐熟阶段下降则与富里酸类物质的生物降解和转换有关，这一结果与前人[24, 25]报道的富里酸易被降解，可通过生物氧化形成更为稳定的结构的结论一致。

1.1.4 多元统计分析

对表 1-1 和表 1-2 中的数据进行层次聚类分析（HCA），堆肥过程中堆肥样品间相似性和差异性的树状图如图 1-5 所示。根据 Zbytniewski 和 Buszewski[26]的研究，样品间的欧几里得距离越近，其相似性越高。堆肥第 7 天和第 14 天的 DOM 样品构成第一个簇，表明在这一阶段两个样品相似性高、有机质演化较慢。与第一个簇相似性最高的 DOM 样品为堆肥腐熟第 21 天的样品，而与第一个簇相似性最低的为未经堆肥处理的 DOM 样品。上述结果表明，堆肥开始的前 8 天有机质的降解速率较快，然而从 14 天到 21 天，有机质的降解速率缓慢。该结论与经红外光谱和紫外-可见吸收光谱分析所得的结果一致。堆肥混合物的缓慢生物降解可能与高温阶段使微生物的活性受到抑制有关。

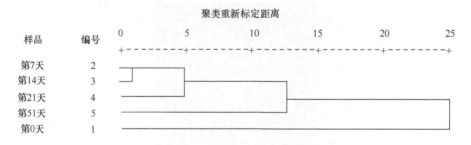

图 1-5　不同堆肥阶段样品的层次聚类分析

1.2　堆肥有机质腐殖化水平单一表征指标的建立

1.2.1 已有腐殖化表征参数的局限

评价有机质腐殖化程度大小最常用的是电子自旋共振和 ^{13}C 核磁共振波谱法，但均易受顺磁性金属（如铁）的干扰，当样品中含有顺磁性金属离子时，会导致分析失败。堆肥样品，特别是生活垃圾、畜禽粪便、污泥堆肥样品，含有包括顺磁性金属在内的多种重金属，不适合采用电子自旋共振和 ^{13}C 核磁共振进行腐殖化程度研究。荧光光谱技术不受上述限制，可用来表征堆肥样品的腐殖化程度，目前通过固定激发波长为 254 nm，计算发射光谱中 435～480 nm 区域荧光强度积分面积与 300～345 nm 区域荧光强度积分面积的比值进行表征，该值越大表明样品腐殖化程度越高。但是，当堆肥有机质含有大量结构复杂的物质，腐殖化程度较高，致使样品的荧光峰出现在激发波长大于 254 nm 的范围内时，通过该方法计算堆肥腐殖化程度会出现较大的误差。

相对于发射光谱，利用三维荧光光谱进行全扫描，能提供有机质的全部荧光峰信息，包括结构简单的类蛋白峰和结构复杂的类富里酸峰与类胡敏酸峰。在三维荧光光谱中，激发波长 200～440 nm、发射波长 280～380 nm 的荧光为类蛋白物质及可溶性微生物降解产物所产生；而激发波长 200～440 nm、发射波长 380～550 nm 的荧光为类腐殖质物质所产生。因此，本节研究利用三维荧光光谱所提供的有机质的全部荧光峰信息，建立了一种表征堆肥有机质腐殖化程度的新方法。

1.2.2　新腐殖化表征方法的建立

首先，采集堆肥样品。采集 5～10 g 堆肥样品，以堆肥干重固液比 1∶10（mg/mL）加入去离子水，150 r/min 振荡 12～24 h，4℃、10000 r/min 离心 10 min，将上清液过 0.45 μm 滤膜，制得 DOM，冻干备用。

然后，配制 DOM 溶液。配制浓度为 0～10 mg/L 的 DOM 溶液，放入比色皿测定三维荧光光谱。光谱测定时激发波长设为 200～440 nm，发射波长设为 280～550 nm，狭缝宽度均设为 10 nm，扫描速度为 1500 nm/min。扫描过程中使用 290 nm 的滤光片去除二次瑞利散射。光谱扫描后将数据导出。发射波长每 1 nm 取一个点，获得一个 266 行×25 列的三维荧光光谱矩阵数据。

最后，将获得的三维荧光光谱矩阵数据中激发波长大于和等于发射波长的数据赋值为 0，将 200 nm ≤ 激发波长 ≤ 440 nm，280 nm ≤ 发射波长 < 380 nm 范围内的荧光矩阵数据进行加和，得到类蛋白类物质的总荧光强度和 P，将 200 nm ≤ 激发波长 ≤ 440 nm，380 nm ≤ 发射波长 ≤ 550 nm 范围内的荧光矩阵数据进行加和，得到类腐殖质物质的总荧光强度和 H，堆肥有机质腐殖化表征参数 HIX=H/P，通过 HIX 值可以评价堆肥腐殖化程度的大小。

1.2.3　新腐殖化表征方法的应用

采集北京某生活垃圾堆肥厂垃圾堆肥第 0 天、7 天、14 天、21 天和 51 天，以及张家口某堆肥厂牛粪堆肥第 0 天、7 天、14 天、21 天、28 天和 41 天的样品。具体腐殖化表征方法的建立过程同 1.2.2 节。固定激发波长为 254 nm，计算发射波长 435～480 nm 荧光积分面积与 300～345 nm 荧光积分面积的比值，获得已有

腐殖化表征参数 A_4/A_1。两类参数值具体如表 1-3 所示,相对于已有腐殖化表征参数 A_4/A_1,在牛粪堆肥样品中本节方法所测定的腐殖化表征参数 HIX 偏小,但在生活垃圾堆肥中相对于原有参数偏大。由于通过 A_4/A_1 值表征有机质腐殖化参数未考虑到发射波长大于 254 nm 的复杂有机质的荧光信息,而本节方法所建立的表征参数考虑了该信息,因此本节方法计算所得的参数比已有方法计算所得参数更精确。

表 1-3　生活垃圾和牛粪堆肥过程腐殖化程度变化

指标	生活垃圾堆肥时间/d					牛粪堆肥时间/d					
	0	7	14	21	51	0	7	14	21	28	41
HIX	1.49	6.48	6.87	10.21	10.37	5.65	5.92	6.02	8.17	9.44	10.11
A_4/A_1	0.88	5.97	6.29	9.5	11.16	6.17	8.14	8.61	10.09	13.38	13.42

1.2.4　与已有腐殖化表征参数的相关性分析

图 1-6 和图 1-7 为两种不同表征方法所测定的腐殖化参数的相关性分析,两种方法所测的腐殖化表征参数达到了显著性相关($R = 0.990$, $P < 0.01$ 及 $R = 0.961$, $P < 0.01$),表明本节方法表征腐殖化程度是完全可行的。

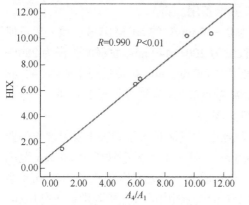

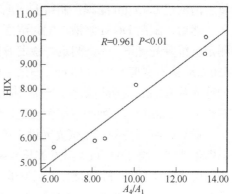

图 1-6　生活垃圾堆肥样品两类腐殖化参数相关性分析　　图 1-7　牛粪堆肥样品两类腐殖化参数相关性分析

1.3　堆肥有机质腐殖化水平综合表征指标的建立

1.3.1　已有腐殖化表征参数的局限

目前通过荧光光谱评价有机质腐殖化水平有三类指标:第一类指标是有机质

在 254 nm 激发波长下发射光谱 435～480 nm 的积分面积值与 300～345 nm 的积分面积值之比；第二类指标是有机质在特定波长差下的同步荧光光谱中类腐殖质荧光峰与类蛋白荧光峰强度之比或类富里酸荧光峰与类蛋白荧光峰强度之比；第三类指标是有机质在 465 nm 激发波长下发射光谱的积分面积。这三类指标主要基于两个原理，第一个原理是随着有机质腐殖化程度的升高荧光发射光谱会向长波方向位移，第一和第二类指标基于该原理；第二个原理是有机质中类腐殖质物质的相对浓度与其腐殖化程度成正比，第三个指标基于该原理。

上述三类评价有机质腐殖化程度的指标，大部分时候评价出的结果是一致的，但由于不同有机质的来源和结构差异较大，有时候不同指标评价出的结果也不一致。因此，需要基于上述三类指标建立一类新的综合评价指标，以解决上述评价结果不一致的问题，从而对有机质腐殖化程度进行综合评价。

1.3.2　新腐殖化表征方法的建立

首先用双蒸水调整所有样品的 $0 < DOM$ 浓度 < 10 mg/L 后，进行三维荧光光谱测定，计算有机质的腐殖化指标值。

其次是腐殖化指标值的归一化处理。通过公式 $y'(i,j) = y(i,j) / y_{\max}(j)$ 进行腐殖化指标值的归一化处理，式中，$y'(i,j)$ 为第 j 类指标中第 i 个指标 $y(i,j)$ 归一化后的值；$y_{\max}(j)$ 为第 j 类指标中的最大值。

再次是投影寻踪模型的建立。建立目标函数：$\text{Max}：Q(a) = S_z D_z$；函数的约束条件为 s.t.：$\sum\limits_{j=1}^{n}[a(j)]^2 = 1$，式中，$S_z$ 为投影值 $z(i)$ 的标准差；D_z 为投影值 $z(i)$ 的局部密度，即 $S_z = \sqrt{\sum\limits_{i=1}^{m}\dfrac{[z(i) - E_z]^2}{m-1}}$，$z(i) = \sum\limits_{j=1}^{n}a(j) \times y'(i,j)$，$D_z = \sum\limits_{i=1}^{m}\sum\limits_{j=1}^{n}[R - r(i,j)]u(t)$，$t = R - r(i,j)$。其中，$E_z$ 为系统的均值；R 为局部密度的窗口半径，取值为 $0.1 S_z$；距离 $r(i,j) = |z(i) - z(j)|$；$u(t)$ 为一单位阶跃函数，当 $t \geqslant 0$ 时其函数值为 1，当 $t < 0$ 时其函数值为 0。模型采用遗传算法进行求解，通过 Matlab 软件实现。

最后是有机质腐殖化水平综合评价。通过模型求解得到最佳投影方向 $\bar{a}$ 和最佳投影值 f，根据 f 值的大小进行有机质腐殖化水平评价。

1.3.3　新腐殖化表征方法的应用

本节研究采集生活垃圾堆肥第 0 天、7 天、14 天、21 天及 51 天的样品；采集牛粪堆肥第 0 天、7 天、14 天、21 天及 28 天的样品；样品采集完毕后，以双蒸水固液比 1（g）∶10（mL）浸提样品，25 ℃下振荡 12 h，然后 4 ℃、10000 r/min 离心 15 min 后，过 0.45 μm 滤膜，测定滤液中 DOM 浓度。将所有滤液的 DOM

调至 7.0 mg/L，然后扫描三种不同情况下的荧光光谱，计算三类腐殖化指标值。

第一类腐殖化指标 A_4/A_1：固定激发波长 254 nm，扫描 260～550 nm 的发射光谱，计算发射光谱中 435～480 nm 荧光积分面积与 300～345 nm 荧光积分面积的比值；第二类腐殖化指标 $I_{347/280}$ 与 $I_{378/280}$：固定波长差为 30 nm，扫描 250～595 nm 的同步荧光光谱，计算 347 nm 与 280 nm 处的荧光强度比值 $I_{347/280}$，以及 378 nm 与 280 nm 处的荧光强度比值 $I_{378/280}$；第三类腐殖化指标 A_{465}：固定激发波长 465 nm，扫描 490～595 nm 的发射光谱，计算发射光谱 490～595 nm 的荧光积分面积。

计算所得各类指标值如表 1-4 所示。由表 1-4 可见，在生活垃圾的腐殖化水平评价结果中，指标 A_4/A_1 与 $I_{347/280}$ 的评价结果一致，均显示随着堆肥的进行有机质腐殖化水平增加。但上述评价结果与指标 $I_{378/280}$ 和 A_{465} 的评价结果不一致，指标 $I_{378/280}$ 和 A_{465} 显示第 7 天样品的值比第 14 天样品的大，随着堆肥的进行，有机质腐殖化水平发生了下降。与上述生活垃圾堆肥有机质腐殖化水平评价结果类似，在牛粪堆肥过程中不同指标的评价结果也存在差异，显示有必要基于不同腐殖化指标值建立一个综合腐殖化评价值进行评价。

表 1-4　生活垃圾和牛粪堆肥三类腐殖化指标值的变化

堆肥	堆肥时间/d	A_4/A_1	$I_{347/280}$	$I_{378/280}$	A_{465}
生活垃圾	0	0.88	0.14	0.08	299.25
	7	5.97	0.87	0.80	1166.12
	14	6.29	0.92	0.79	1139.99
	21	9.50	1.24	1.10	1302.21
	51	11.16	1.84	1.69	1759.23
牛粪	0	6.17	1.37	0.62	1279.25
	7	8.14	1.04	0.84	1387.25
	14	8.61	1.08	0.81	1291.51
	21	10.09	0.91	0.99	1621.85
	28	13.38	0.70	1.26	1729.99

腐殖化指标值的归一化处理和投影寻踪模型的建立方法同 1.3.2 节，归一化后的值和投影值 f 分别见表 1-5 和表 1-6。

表 1-5　生活垃圾和牛粪堆肥各三类腐殖化指标归一化后的值

堆肥	堆肥时间/d	A_4/A_1	$I_{347/280}$	$I_{378/280}$	A_{465}
生活垃圾	0	0.07	0.08	0.05	0.17
	7	0.45	0.47	0.47	0.66
	14	0.47	0.50	0.47	0.65
	21	0.71	0.67	0.65	0.75
	51	0.83	1.00	1.00	1.00

续表

堆肥	堆肥时间/d	A_4/A_1	$I_{347/280}$	$I_{378/280}$	A_{465}
牛粪	0	0.46	0.74	0.37	0.72
	7	0.61	0.57	0.50	0.80
	14	0.64	0.59	0.48	0.73
	21	0.75	0.49	0.59	0.93
	28	1.00	0.38	0.75	0.99

表 1-6　不同堆肥样品的投影值 f

投影值	生活垃圾堆肥时间/d					牛粪堆肥时间/d				
	0	7	14	21	51	0	7	14	21	28
f	0.148	0.918	0.939	1.264	1.784	1.09	1.09	1.091	1.168	1.264

根据投影值 f 的大小进行堆肥有机质腐殖化综合评价，由表 1-6 可知，生活垃圾随着堆肥的进行有机质腐殖化水平不断提高，这与已有研究的报道一致，而牛粪堆肥初期（第 0~7 天）不变，随后随着堆肥的进行，有机质腐殖化程度增大，这是堆肥原料中的牛粪主要为纤维素类、木质素类难降解物质，导致堆肥初期有机质腐殖化速度慢。

1.4　小　　结

采用光谱技术研究了生活垃圾堆肥过程中 DOM 的变化特性。红外光谱表明，堆肥过程中易降解有机组分如脂肪族化合物、醇类和多糖类被分解，芳香结构化合物增多。DOM 的紫外-可见吸收光谱表明，经堆肥处理后其芳香性、腐殖化程度、含氧官能团数量和分子量均出现提高。此外，紫外-可见吸收光谱也表明，在低波长（275~295 nm）下的光谱斜率参数是表征生活垃圾堆肥 DOM 芳香性的良好指数。本节研究中的荧光光谱表明，随堆肥过程的进行，类蛋白物质减少，而类腐殖质物质增多；此外，类富里酸物质在堆肥一次发酵阶段增加而在腐熟阶段下降。堆肥过程中生活垃圾堆肥腐熟度通过激发/发射波长为 289 nm/421 nm 下荧光峰的存在确定。

参 考 文 献

[1] Plaza C, Senesi N, Brunetti G, et al. Evolution of the fulvic acid fractions during co-composting of olive oil mill wastewater sludge and tree cuttings. Bioresource Technology, 2007, 98:1964-1971.
[2] Rajae A, Ghita A B, Salah S, et al. Aerobic biodegradation of sludge from the effluent of a

vegetable oil processing plant mixed with household waste: physical-chemical, microbiological, and spectroscopic analysis. Bioresource Technology, 2008, 99:8571-8577.

[3] García-Gil J C, Plaza C, Fernández J M, et al. Soil fulvic acid characteristics and proton binding behavior as affected by long-term municipal waste compost amendment under semi-arid environment. Geoderma, 2008, 146:363-369.

[4] Droussi Z, D'Orazio V, Hafidi M, et al. Elemental and spectroscopic characterization of humic-acid-like compounds during composting of olive mill by-products. Journal of Hazardous Materials, 2009, 163:1289-1297.

[5] Fuentes M, González-Gaitano G, García-Mina J M A. The usefulness of UV-visible and fluorescence spectroscopies to study the chemical nature of humic substances from soils and composts. Organic Geochemistry, 2006, 37:1949-1959.

[6] Shao Z H, He P J, Zhang D Q, et al. Characterization of water-extractable organic matter during the biostabilization of municipal solid waste. Journal of Hazardous Materials, 2009, 164: 1191-1197.

[7] Kang K H, Shin H S, Park H. Characterization of humic substances present in landfill leachates with different landfill ages and its implications. Water Research, 2002, 36:4023-4032.

[8] Helms J R, Stubbins A, Ritchie J D, et al. Absorption spectral slopes and slope ratios as indicators of molecular weight, source, and photobleaching of chromophoric dissolved organic matter. Limnology & Oceanography, 2008, 53:955-969.

[9] Wang L Y, Wu F C, Zhang R Y, et al. Characterization of dissolved organic matter fractions from Lake Hongfeng Southwestern China Plateau. Journal of Environmental Science, 2009(5): 23-30.

[10] Jin H, Lee D H, Shin H S. Comparison of the structural, spectroscopic and phenanthrene binding characteristics of humic acids from soils and lake sediments. Organic Geochemistry, 2009, 40:1091-1099.

[11] Korshin G V, Li C W, Benjamin M M. Monitoring the properties of natural organic matter through UV spectroscopy: a consistent theory. Water Research, 1997, 31:1787-1795.

[12] Vieyra F E M, Palazzi V I, Pinto M I S D, et al. Combined UV-vis absorbance and fluorescence properties of extracted humic substances-like for characterization of composting evolution of domestic solid wastes. Geoderma, 2009, 151:61-67.

[13] Senesi N, D'Orazio V, Ricca G. Humic acids in the first generation of EUROSOILS. Geoderma, 2003, 116:325-344.

[14] Kalbitz K, Geyer W, Geyer S. Spectroscopic properties of dissolved humic substances — a reflection of land use history in a fen area. Biogeochemistry (Dordrecht), 1999, 47:219-238.

[15] Santos L M D, Simões M L, Melo W J D, et al. Application of chemometric methods in the evaluation of chemical and spectroscopic data on organic matter from Oxisols in sewage sludge applications. Geoderma, 2010, 155:121-127.

[16] Marhuenda-Egea F C, Martínez-Sabater E, Jordá J, et al. Dissolved organic matter fractions formed during composting of winery and distillery residues: evaluation of the process by fluorescence excitation-emission matrix. Chemosphere, 2007, 68:301-309.

[17] Maria Rosaria P, Valeria D, Maria J, et al. Fluorescence behaviour of Zn and Ni complexes of humic acids from different sources. Chemosphere, 2004, 55:885-892.

[18] Coble P G. Characterization of marine and terrestrial DOM in seawater using excitation-emission matrix spectroscopy. Marine Chemistry, 1996, 51:325-346.

[19] Chen W, Westerhoff P, Leenheer J A, et al. Fluorescence excitation-emission matrix regional integration to quantify spectra for dissolved organic matter. Environmental Science & Technology, 2003, 37(24):5701-5710.

[20] Zhou J, Wang J J, Baudon A, et al. Improved fluorescence excitation-emission matrix regional integration to quantify spectra for fluorescent dissolved organic matter. Journal of Environmental Quality, 2013, 42(3):925-930.

[21] Ahmad S R, Reynolds D M. Monitoring of water quality using fluorescence technique: prospect of on-line process control. Water Research, 1999, 33:2069-2074.

[22] Mounier S, Braucher R, BenaïM J Y. Differentiation of organic matter's properties of the Rio Negro basin by cross-flow ultra-filtration and UV-spectrofluorescence. Water Research, 1999, 33:2363-2373.

[23] Reynolds D M, Ahmad S R. Rapid and direct determination of wastewater BOD values using a fluorescence technique. Water Research, 1997, 31:2012-2018.

[24] Artinger R, Buckau G, Geyer S, et al. Characterization of groundwater humic substances: influence of sedimentary organic carbon. Applied Geochemistry, 2000, 15:97-116.

[25] Jouraiphy A, Amir S, Winterton P, et al. Structural study of the fulvic fraction during composting of activated sludge-plant matter: elemental analysis, FTIR and ^{13}C NMR. Bioresource Technology, 2008, 99:1066-1072.

[26] Zbytniewski R, Buszewski B. Characterization of natural organic matter (NOM) derived from sewage sludge compost. Part 1: chemical and spectroscopic properties. Bioresource Technology, 2005, 96:471-478.

第 2 章　堆肥过程不同分子量与亲疏水有机质演化特征

2.1　堆肥过程不同分子量组分演化

　　DOM 为多种生物降解和腐殖化过程的产物，同时生活垃圾的迥异来源和组成也使 DOM 的组成更加复杂[1]。针对复杂 DOM 的分离方法目前已存在较多成熟的途径[2-6]。基于分子量大小和亲/疏水性特征，尺寸排阻色谱（SEC）和反相高效液相色谱（RP-HPLC）广泛应用于分离检测 DOM[3-5]。通过 SEC 和 RP-HPLC 获得的分离组分的性质通常采用紫外吸收、荧光强度或有机碳含量进行描述[4, 5]。然而，紫外吸收和荧光强度不能进一步揭示 DOM 的组成和结构特征，而 SEC、RP-HPLC 结合在线质谱、傅里叶变换红外光谱（FTIR）或核磁共振波谱（NMR）可进一步描述分离物的官能团结构特征[2, 3, 6, 7]。DOM 的组成具有多样性，其分离物的 FTIR 或 NMR 图谱往往存在重叠现象。因此，单纯一种技术很难全面地揭示分离物的组成及结构特征，联合多种技术对 DOM 组成和化学结构进行分析将成为最佳的方法[8]。二维（2D）相关光谱技术能够解决传统光谱峰重叠的问题，同时还能提供物质结构演变次序的信息[9, 10]，尤其是二维异质相关光谱技术，其通过比较同一样品两组光谱数据在相同探测下的关联性，进而综合反映出样品组成特征[11]。二维异质相关光谱广泛用于鉴别 DOM 的官能团及其与重金属间的络合关系[12-14]。然而基于二维异质相关光谱，联合色谱与 FTIR 或 NMR 却鲜有报道。为进一步了解堆肥 DOM 的化学组成及其环境行为特征，本节研究以不同阶段生活垃圾堆肥 DOM 为对象，采用二维 HPLC-FTIR/NMR 异质相关光谱方法，分析不同分子量和亲/疏水性的堆肥 DOM 的组成和结构特征。

　　堆肥实验如 1.1 节所述，取第 0 天、7 天、14 天、21 天和 51 天的样品用于实验研究，分别编号为 S1、S2、S3、S4 和 S5。

　　图 2-1 为堆肥样品提取 DOM 的三维荧光光谱谱图，可观察到 5 个显著的荧光峰，λ_{ex}（激发波长）/λ_{em}（发射波长）分别为 225 nm/305 nm（类酪氨酸物质峰）、225 nm/340 nm（类色氨酸物质峰）、275 nm/340 nm（类色氨酸物质峰）、230 nm/430 nm（类富里酸物质峰）和 340 nm/430 nm（类胡敏酸物质峰）[4, 15-17]。因此，类腐殖质和类蛋白物质为城市生活垃圾 DOM 的主要组分，且呈现同一发

射波长处有不同激发峰的多峰特征。在我们之前的研究中也发现一个荧光基团包含多个不同激发波长的荧光峰[4]。然而不同的荧光基团可以通过发射波长的位置进行区分，一般认为发射波长大于 380 nm 为类腐殖质，而发射波长小于 380 nm 为类蛋白，如类酪氨酸和类色氨酸[4, 16]。因此，可根据 300~500 nm 处发射波长不同，通过 SEC 和 RP-HPLC 对 DOM 进行洗脱分离。

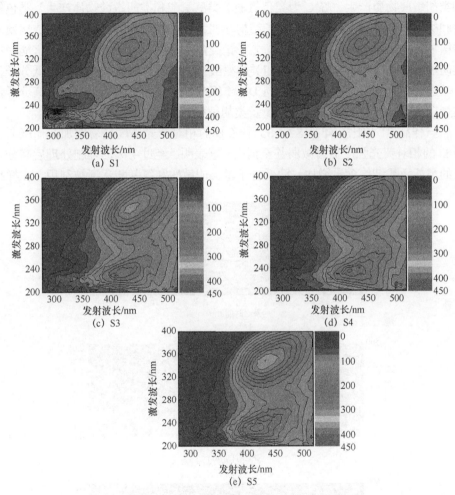

图 2-1　堆肥提取 DOM 的三维荧光光谱图

通过 SEC 将 DOM 分离为不同分子量的组分，并绘制 SEC 洗脱过程中的发射波长-洗脱时间谱。如图 2-2 所示，S1 样品分别在洗脱 5.2 min、5.95 min 和 6.7 min 处，出现三个主要峰（峰 A、峰 B 和峰 C）。此外，样品 S1 在洗脱 6.9 min 处存在一个较弱的肩峰（峰 D）。在洗脱过程中，DOM 组分的保留时间越短代表其表观分子量越大。因此，上述观察的 4 个峰代表物质的表观分子量大小顺序为峰 A>峰 B>峰 C>峰 D。峰 A、峰 B、峰 C 和峰 D 对应的发射波长分别在 325～380 nm、325～450 nm、300～450 nm 和 325～380 nm。Chen 等[18]指出，发射波长在 300～325 nm、325～380 nm 及>380 nm 处的位置分别对应类酪氨酸、类色氨酸和类胡敏酸组分。因此，峰 A 和峰 D 由类色氨酸物质产生，峰 B 为类色氨酸和类胡敏酸物质产生，峰 C 为类色氨酸、类酪氨酸和类胡敏酸物质产生。类色氨酸和类酪氨酸常以"游离态"分子结构存在，通常结合在蛋白质、多肽或腐殖质结构上[17]。因此，峰 A 可认为是高分子量类蛋白；峰 B 为结合类色氨酸官能团的类胡敏酸；峰 C 为结合类色氨酸和类酪氨酸官能团的类胡敏酸；峰 D 为低分子量氨基酸或多肽物质。所分离的不同 DOM 组分的表观分子量大小顺序为高分子量类蛋白>高分子量类胡敏酸>低分子量类胡敏酸>氨基酸或多肽。

与样品 S1 相比，样品 S2、S3 中峰 B 的相对荧光强度显著增加，而峰 C、峰 D 的相对荧光强度显著减弱甚至消失。这表明，经过 7 天的堆肥处理后高分子量的类胡敏酸结构含量增加，而低分子量类胡敏酸和氨基酸逐渐被利用。在样品

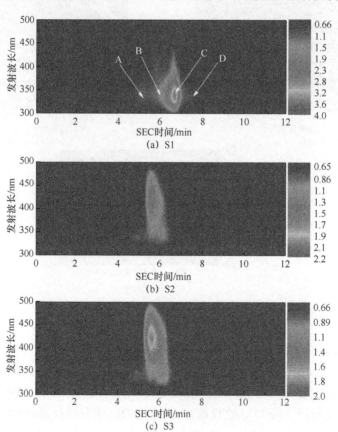

(a) S1

(b) S2

(c) S3

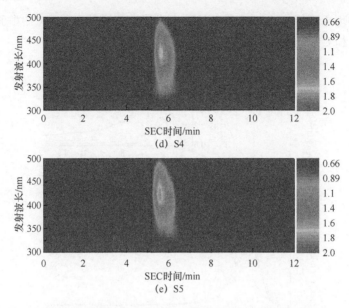

图 2-2　堆肥提取 DOM 的 SEC 发射波长-洗脱时间谱

S4 和 S5 中同样存在类似的现象，峰 A 和峰 C 均消失，说明在堆肥进行 14 天后蛋白质和氨基酸(或多肽类)均被微生物降解了。在样品 S4 和 S5 的发射波长 325～500 nm 内最强荧光强度均分布在 425 nm 附近，说明样品 S4 和 S5 中主要为结合类色氨酸基团的类胡敏酸物质。

如图 2-3 所示，类蛋白通过色谱分离可区分为 4 个主要荧光峰，保留时间分别在 5.2 min、5.65 min、6.2 min 和 6.7 min。类胡敏酸的色谱分离峰中同样存在 5.65 min 的洗脱峰，说明类蛋白在洗脱时间为 5.65 min 处的物质结合了类胡敏酸基团。在样品 S1 类蛋白和类胡敏酸的分离峰中也存在洗脱时间为 6.7 min 的荧光峰。而在其余 4 个样品类胡敏酸分离峰中洗脱时间为 6.7 min 的荧光峰消失。以上结果表明，结合小分子类胡敏酸的类蛋白物质在堆肥前期样品 S1 中大量存在，而在堆肥进行中的样品（S2～S5）中逐渐消失。

为进一步了解类蛋白和类胡敏酸不同结构的功能特征，采用 SEC 色谱数据和 FTIR、^{13}C NMR、^{1}H NMR 光谱数据进行二维异质相关光谱分析，本节选择二维异质相关同步谱进行讨论。类蛋白组分在色谱洗脱时间 6.2～6.9 min 处的官能团与 ^{13}C NMR 化学位移 21 ppm、24 ppm 和 182 ppm 处碳骨架呈显著正相关［图 2-4（b）］。^{13}C NMR 化学位移 21 ppm 和 24 ppm 处为 CCH$_3$ 中 C 的吸收，182 ppm 处为 N—C=O 中 C 的吸收[9]。因此，该处（6.2～6.9 min、21 ppm、24 ppm 和 182 ppm）的正相关交叉峰表明低分子量类蛋白中存在大量 CCH$_3$ 和 N—C=O 官能团。对于这些类蛋白组分，可发现在 FTIR 中的酰胺 I 带与其色谱分离组分并不呈显著正相关，此种现象可能与 Minor 和 Stephens[19]研究报道的在 FTIR 中酰胺 I 带峰常常与 C=O 和 C=C 峰重叠相关。

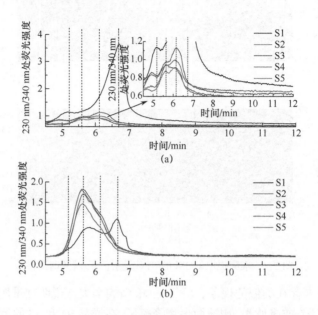

图 2-3　堆肥提取 DOM 的 SEC 色谱图

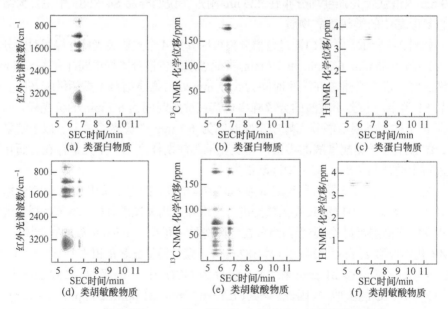

图 2-4　堆肥提取 DOM 的二维 SEC-FTIR/NMR 异质相关同步谱

本图另见书末彩图

类胡敏酸的色谱洗脱时间在 5.2～6.2 min（相对高分子量的类胡敏酸物质）与 FTIR 波数在 3562～3016 cm^{-1}、2974～2806 cm^{-1}、1672～1589 cm^{-1}、1519～1365 cm^{-1}、1168～1085 cm^{-1} 和 734～511 cm^{-1}［图 2-4（d）］，^{13}C NMR 化学位移 12～18 ppm、27～33 ppm、36～39 ppm、53～58 ppm、61～68 ppm、72～83 ppm、98～106 ppm、126～138 ppm 和 172～178 ppm［图 2-4（e）］，^{1}H NMR 化学位移 3.42～3.47 ppm、3.55～3.57 ppm 和 3.65～3.68 ppm［图 2-4（f）］均呈显著正相关。FTIR 波数在 3562～3016 cm^{-1}、2974～2806 cm^{-1}、1672～1589 cm^{-1}、1519～1365 cm^{-1}、1168～1085 cm^{-1} 和 734～511 cm^{-1} 处分别为 O—H 和 N—H 伸缩振动、C—H 伸缩振动、N—C≡O 和 C≡O、苯环骨架、C—O—C 异端碳和 N—H 键摆动吸收峰。^{13}C NMR 化学位移在 12～39 ppm、53～58 ppm、61～83 ppm、98～106 ppm、126～138 ppm 和 172～178 ppm 处分别为 CH、NCH（或 OCH$_3$）、糖类 C、O—C—O、芳香碳、N—C≡O（或 COOH）碳骨架吸收峰，而 ^{1}H NMR 化学位移在 3.42～3.68 ppm 处的峰与 OCH 的 H 骨架相关。因此，高分子量类胡敏酸主要由 C—H、OCH$_3$、N—C≡O、N—H、COO^{-}、O—C—O、O—H 和芳香碳组成。此外，类胡敏酸组分的色谱分离峰在 6.45～6.9 min 处（低分子量类胡敏酸）峰与 ^{13}C NMR 化学位移在 21 ppm、24 ppm 和 182 ppm 处［图 2-4（e）］呈显著相关，说明低分子量类胡敏酸主要组成为 CCH$_3$ 和 N—C≡O。

为揭示不同表观分子量结构在堆肥过程中的演化特征，本节采用二维 SEC 相关光谱进行分析。如图 2-5（a）所示，类蛋白组分同步谱中分别在 $t_1/t_2 = 6.7$ min/

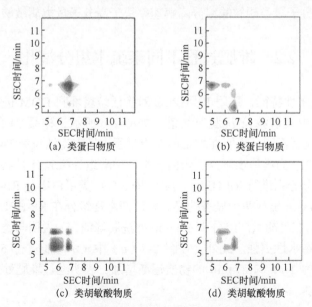

图 2-5　堆肥提取 DOM 的二维 SEC 相关光谱

本图另见书末彩图

6.7 min 和 6.7 min/5.2 min 处可观察到自相关峰和正相关交叉峰。基于 Noda 定律[20]，以上结果表明在堆肥过程中洗脱时间在 5.2 min 和 6.7 min 时物质存在一致的降解特征。类蛋白组分异步谱中在 $t_1/t_2 = 6.7$ min/5.2 min 和 6.7 min/6.2 min 处存在两个显著正相关交叉峰，表明在堆肥过程中色谱洗脱时间 6.7 min 处的物质降解速率快于在洗脱时间 5.2 min 和 6.2 min 的物质，同时也说明低分子量类蛋白物质比高分子量类蛋白物质更易被微生物利用。综上所述，洗脱时间 6.7 min 的物质为"游离态"氨基酸或多肽物质，而洗脱时间在 5.2 min 和 6.2 min 处的物质为结合蛋白和氨基酸的胡敏酸组分，其中"游离态"的氨基酸或多肽物质更易被微生物利用。

在类胡敏酸的同步谱 $t_1/t_2 = 5.65$ min/5.65 min 和 6.7 min/6.7 min 处存在两个自相关峰，同时在 $t_1/t_2 = 6.7$ min/5.65 min 处存在一个负相关交叉峰［图 2-5（c）］。基于 Noda 定律[20]，说明洗脱时间在 5.65 min 和 6.7 min 的物质在堆肥过程中转化途径不一致。同时在图 2-3（b）中发现，洗脱时间 5.65 min 的物质随着堆肥过程的进行逐渐增加，而洗脱时间 6.7 min 的物质在堆肥过程中逐渐消失，暗示了堆肥过程中高分子量类胡敏酸存在生物合成过程，而低分子量类胡敏酸在堆肥过程中逐渐被降解。这些变化也解释了在堆肥过程中洗脱时间 5.65 min 的物质与 6.7 min 的物质存在相反的规律。在类胡敏酸的异步谱 $t_1/t_2 = 5.9$ min/5.65 min、6.7 min/ 5.65 min、6.7 min/5.9 min 处存在显著负相关的相关峰。根据 Noda 报道的原则[20]，色谱不同洗脱时间的物质在堆肥过程中降解顺序为：6.7 min → 5.65 min → 5.9 min，即低分子量类胡敏酸组分降解速率快于高分子量类胡敏酸的形成过程。

2.2　堆肥过程不同亲疏水组分演化

基于亲/疏水性特征，采用 RP-HPLC 对生活垃圾堆肥 DOM 进行分离，同时绘制洗脱过程中发射波长-洗脱时间谱。如图 2-6 所示，样品 S1 的图谱与其他 4 个样品存在显著不同，表明在堆肥前 7 天过程中城市生活垃圾 DOM 的亲/疏水性存在较大变化。为进一步研究类蛋白与类胡敏酸组分亲/疏水性特征，对类蛋白和类胡敏酸组分分别进行 RP-HPLC 分析（图 2-7）。类蛋白组分 RP-HPLC 分别在 1.23 min 和 1.4 min 出现两个显著的峰。相对亲水性组分在 RP-HPLC 洗脱过程中出峰更早[4]，而在类胡敏酸组分中 1.4 min 处洗脱峰消失，说明与类蛋白相比，类胡敏酸物质的亲水性更强。此外，在图 2-7（b）中显示堆肥进行 51 天后类胡敏酸在洗脱时间为 1.17～1.27 min 的物质逐渐增加，表明经过堆肥处理后类胡敏酸的疏水性增强。

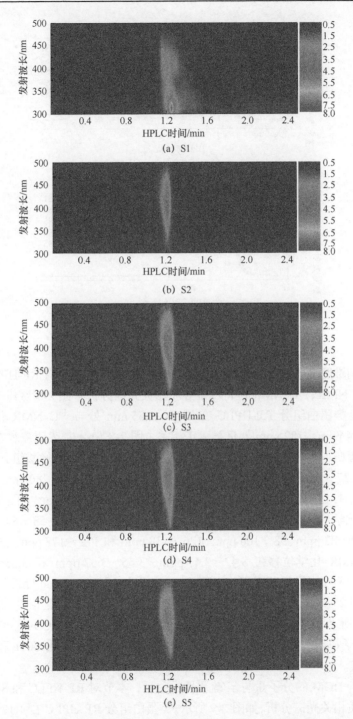

图 2-6　5 种生活垃圾提取 DOM 的 RP-HPLC 发射波长-洗脱时间谱

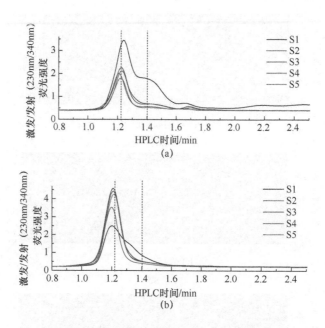

图 2-7　堆肥提取 DOM 的 RP-HPLC 色谱图

　　为鉴别堆肥多阶段不同亲/疏水性组分组成和结构差异，对 RP-HPLC 色谱和 FTIR、^{13}C NMR、^{1}H NMR 进行二维异质相关光谱分析，图 2-8 为其二维异质相关同步谱。类蛋白组分 RP-HPLC 在 1.17～1.55 min 处与 ^{13}C NMR 化学位移在 21 ppm、24 ppm、182 ppm 处呈显著正相关［图 2-8（b）］，表明疏水性类蛋白和亲水性类蛋白均存在 CCH$_3$ 和 N—C＝O 官能团。此外，类胡敏酸组分 RP-HPLC 在 1.17～1.27 min 处与 FTIR 波长在 3562～3016 cm^{-1}、2974～2806 cm^{-1}、1658～1560 cm^{-1}、1519～1365 cm^{-1}、1168～1085 cm^{-1} 和 734～511 cm^{-1}［图 2-8（d）］，^{13}C NMR 化学位移在 12～18 ppm、27～33 ppm、36～39 ppm、53～58 ppm、61～68 ppm、72～83 ppm、98～106 ppm、126～138 ppm 和 172～178 ppm［图 2-8（e）］，以及 ^{1}H NMR 化学位移在 3.42～3.47 ppm、3.55～3.57 ppm 和 3.65～3.68 ppm［图 2-8（f）］处均呈显著正相关。而 RP-HPLC 在 1.3～1.44 min 处仅与 ^{13}C NMR 化学位移在 23 ppm、25 ppm 和 184 ppm［图 2-8（e）］处呈显著正相关。以上结果表明，相对亲水性类胡敏酸由 C—H、OCH$_3$、N—C＝O、N—H、COO$^-$、O—C—O、O—H 和芳香碳等官能团构成，而相对疏水性类胡敏酸组分主要由 CCH$_3$ 和 N—C＝O 官能团组成。

　　为分析 DOM 的分子量与亲/疏水性的关系，本节对 RP-HPLC 和 SEC 数据进行二维异质相关光谱分析，如图 2-9 所示。类蛋白组分 RP-HPLC 在 1.17～1.55 min 处与 SEC 在 6.2～6.9 min 处呈现显著正相关［图 2-9（a）］，表明低分子量的类蛋

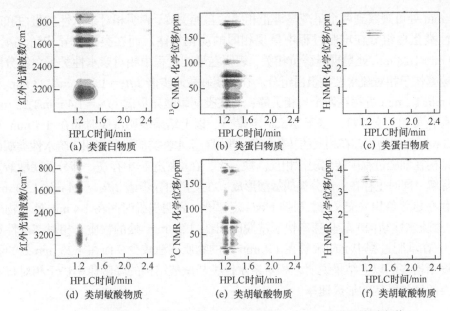

图 2-8　堆肥提取 DOM 的二维 RP-HPLC-FTIR/NMR 异质相关同步谱

本图另见书末彩图

白物质由相对亲水和疏水组分共同构成。此外，类胡敏酸组分 RP-HPLC 在 1.17~
1.27 min 处与 SEC 在 5.2~6.2 min 处呈现显著正相关，同时 RP-HPLC 在 1.3~
1.44 min 处与 SEC 在 6.56~6.9 min 处同样呈现显著正相关［图 2-9（b）］。以上
结果表明，相对亲水性类胡敏酸组分主要由高分子量有机质组成，而相对疏水性
类胡敏酸物质主要由低分子量物质组成，即相对亲水性类胡敏酸物质分子量稍微
高于相对疏水性组分。此现象与 Duarte 等[21]综合运用二维液相色谱研究 DOM 化
学组成指出的低分子量官能团结构疏水性更强的结论一致。

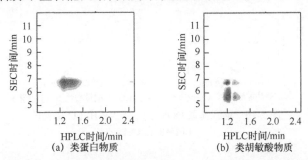

图 2-9　堆肥提取 DOM 的二维 HPLC-SEC 异质相关同步谱

本图另见书末彩图

　　为揭示不同亲/疏水性组分间转化特征，本节对 RP-HPLC 数据进行了二维相
关光谱分析。如图 2-10 所示，在类蛋白同步谱 t_1/t_2 = 1.23 min/1.23 min 和 1.4 min/

1.4 min 处可观察到两个呈现显著正相关的自相关峰,表明相对亲水性类蛋白和疏水性类蛋白组分在堆肥过程中呈现相同的演化规律。而在类蛋白异步谱 $t_1/t_2 =$ 1.4 min/1.23 min 处呈现显著负相关,表明在堆肥过程中相对亲水性类蛋白组分降解速率快于相对疏水性类蛋白组分。在类胡敏酸同步谱 $t_1/t_2 = 1.23$ min/1.23 min 和 1.4 min/1.4 min 处存在两个自相关峰;而在类胡敏酸异步谱 $t_1/t_2 = 1.4$ min/1.23 min 处存在负相关交叉峰。基于 Noda 定律[20],以上结果表明洗脱时间在 1.4 min 和 1.23 min 处的物质存在相反的转化特征,即相对亲水性类胡敏酸与相对疏水性类胡敏酸结构在堆肥过程中转化规律相反。换言之,在堆肥过程中存在一部分类胡敏酸发生降解,同时也存在一部分类胡敏酸形成。在类蛋白异步谱 $t_1/t_2 = 1.4$ min/1.23 min 处存在显著负相关交叉峰,根据 Noda 定律[20],表明洗脱时间在 1.4 min 处的物质(相对疏水性结构)转化速率快于洗脱时间在 1.23 min 处的物质(相对亲水性物质)。在堆肥过程中类胡敏酸在 1.4 min 处的物质逐渐减少,而在 1.23 min 处的物质逐渐增多。以上结果说明,相对亲水性类胡敏酸结构的降解速率快于相对疏水性类胡敏酸结构的形成速率。

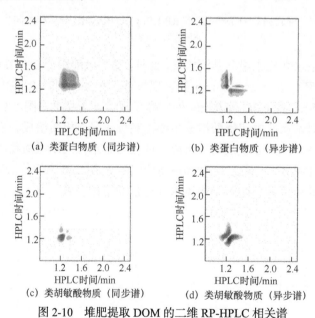

图 2-10　堆肥提取 DOM 的二维 RP-HPLC 相关谱

本图另见书末彩图

2.3　小　　结

二维 HPLC-FTIR/NMR 异质相关光谱能较好地运用于 DOM 的功能组成研究,能较好地揭示 DOM 不同组分的环境行为,如生物利用性、污染物的吸收和电子穿梭能力。本节研究发现堆肥 DOM 由类蛋白和类胡敏酸组分构成，而类蛋白组分主要以"游离态"分子或与蛋白质结合的形式存在，且较易被微生物利用。因此，通过分析"游离态"分子或与蛋白质结合的类蛋白组分含量可评估 DOM 的生物可利用性。在堆肥过程中类蛋白组分逐渐减少，而类胡敏酸组分逐渐增多。这个过程将会显著增加重金属与稳定类胡敏酸的结合能力，进而对堆肥中重金属的生物可利用性和毒性存在一定的削弱效果。此外，大量重金属的结合，对 DOM 的电子穿梭能力也存在一定的调节作用。之前有研究报道指出，堆肥后期 DOM 的电子转移能力增强[22, 23]。Tao 等[24]指出芳香碳和 COO⁻作为电子转移的主要官能团，本节研究进一步发现芳香碳和 COO⁻为类胡敏酸的主要组成部分，且其含量随着堆肥的进行逐渐增加。

参 考 文 献

[1] Said-Pullicino D, Gigliotti G. Oxidative biodegradation of dissolved organic matter during composting. Chemosphere, 2007, 68:1030-1040.

[2] Woods G C, Simpson M J, Kelleher B P, et al. Online high-performance size exclusion chromatography-nuclear magnetic resonance for the characterization of dissolved organic matter. Environmental Science & Technology, 2010, 44:624-630.

[3] Christian L, Luc T. Compositional differences between size classes of dissolved organic matter from freshwater and seawater revealed by an HPLC-FTIR system. Environmental Science & Technology, 2012, 46:1700-1707.

[4] Li W T, Chen S Y, Xu Z X, et al. Characterization of dissolved organic matter in municipal wastewater using fluorescence PARAFAC analysis and chromatography multi-excitation/emission scan: a comparative study. Environmental science & technology, 2014, 48(5): 2603-2609.

[5] Li W T, Xu Z X, Li A M, et al. HPLC/HPSEC-FLD with multi-excitation/emission scan for EEM interpretation and dissolved organic matter analysis. Water Research, 2013, 47:1246-1256.

[6] Woods G C, Simpson M J, Koerner P J, et al. HILIC-NMR: toward the identification of individual molecular components in dissolved organic matter. Environmental Science & Technology, 2011, 45:3880-3886.

[7] Malik A, Scheibe A, LokaBharathi P A, et al. Online stable isotope analysis of dissolved organic carbon size classes using size exclusion chromatography coupled to an isotope ratio mass spectrometer. Environmental Science & Technology, 2012, 46:10123-10129.

[8] He X S, Xi B D, Wei Z M, et al. Spectroscopic characterization of water extractable organic matter during composting of municipal solid waste. Chemosphere, 2011, 82(4): 541-548.

[9] He X S, Xi B D, Zhang Z Y, et al. Insight into the evolution, redox, and metal binding properties of dissolved organic matter from municipal solid wastes using two-dimensional correlation spectroscopy. Chemosphere, 2014, 117:701-707.

[10] Yu G H, Tang Z, Xu Y C, et al. Multiple fluorescence labeling and two dimensional FTIR- ¹³C NMR heterospectral correlation spectroscopy to characterize extracellular polymeric substances

in biofilms produced during composting. Environmental Science & Technology, 2011, 45:9224-9231.

[11] Noda I. Progress in two-dimensional (2D) correlation spectroscopy. Journal of Molecular Structure, 2006, 799:2-15.

[12] Hyun C C, Soo R R, Ho J, et al. Two-dimensional heterospectral correlation analysis of X-ray photoelectron spectra and infrared spectra for spin-coated films of biodegradable poly(3-hydroxybutyrate-co-3-hydroxyhexanoate) copolymers. Journal of Physical Chemistry B, 2010, 114:10979.

[13] Abdulla H A, Minor E C, Hatcher P G. Using two-dimensional correlations of ^{13}C NMR and FTIR to investigate changes in the chemical composition of dissolved organic matter along an estuarine transect. Environmental Science & Technology, 2010, 44:8044-8049.

[14] Chen W, Habibul N, Liu X Y, et al. FTIR and synchronous fluorescence heterospectral two-dimensional correlation analyses on the binding characteristics of copper onto dissolved organic matter. Environmental Science & Technology, 2015, 49:2052-2058.

[15] He X S, Xi B D, Pan H W, et al. Characterizing the heavy metal-complexing potential of fluorescent water-extractable organic matter from composted municipal solid wastes using fluorescence excitation-emission matrix spectra coupled with parallel factor analysis. Environmental Science & Pollution Research International, 2014, 21:7973-7984.

[16] Ishii S K L, Boyer T H. Behavior of reoccurring PARAFAC components in fluorescent dissolved organic matter in natural and engineered systems: a critical review. Environmental Science & Technology, 2012, 46:2006-2017.

[17] Naomi H, Andy B, David W, et al. Can fluorescence spectrometry be used as a surrogate for the biochemical oxygen demand (BOD) test in water quality assessment? An example from South West England. Science of the Total Environment, 2008, 391:149-158.

[18] Chen W, Westerhoff P, Leenheer J A, et al. Fluorescence excitation-emission matrix regional integration to quantify spectra for dissolved organic matter. Environmental Science & Technology, 2003, 37:5701-5710.

[19] Minor E, Stephens B. Dissolved organic matter characteristics within the Lake Superior watershed. Organic Geochemistry, 2008, 39:1489-1501.

[20] Noda I, Ozaki Y. Two-dimensional Correlation Spectroscopy: Applications in Vibrational and Optical Spectroscopy. England:John Wiley & Sons, 2005.

[21] Duarte R M B O, Barros A C, Duarte A C. Resolving the chemical heterogeneity of natural organic matter: new insights from comprehensive two-dimensional liquid chromatography. Journal of Chromatography A, 2012, 1249:138-146.

[22] Yuan Y, Tao Y, Zhou S G, et al. Electron transfer capacity as a rapid and simple maturity index for compost. Bioresource Technology, 2012, 116:428-434.

[23] He X S, Xi B D, Cui D Y, et al. Influence of chemical and structural evolution of dissolved organic matter on electron transfer capacity during composting. Journal of Hazardous Materials, 2014, 268:256-263.

[24] Tao J, Wei S Q, Flanagan D C, et al. Effect of abiotic factors on the mercury reduction process by humic acids in aqueous systems. Pedosphere, 2014, 24:125-136.

第3章　堆肥过程不同有机质组分演化时序

3.1　堆肥过程不同官能团演化特征

DOM 的 FTIR 光谱呈现的有效信息分布在 3000~1000 cm⁻¹ 区域[1-3]，因此本节 2D FTIR 相关光谱将选取该范围数据。如图 3-1（a）所示，同步谱 λ_1/λ_2 = 1631 cm⁻¹/1631 cm⁻¹ 和 1141 cm⁻¹/1141 cm⁻¹ 处存在两个自相关峰，且 1141 cm⁻¹/1141 cm⁻¹ 处强度显著高于 1631 cm⁻¹/1631 cm⁻¹ 处。He 等[3]研究指出，FTIR 光谱在 1631 cm⁻¹ 处为羧酸的 COO⁻不对称伸缩峰，而在 1141 cm⁻¹ 处为多糖类如纤维素和半纤维素的 C—O 伸缩峰。以上结果表明，在堆肥过程中多糖类物质的降解速率快于羧酸物质。在同步谱 λ_1/λ_2 = 1141 cm⁻¹/1421 cm⁻¹、1141 cm⁻¹/1506 cm⁻¹ 和 1141 cm⁻¹/1631 cm⁻¹ 处存在 3 个正相关交叉峰。在波数 1421 cm⁻¹ 和 1506 cm⁻¹ 处分别为羧酸的 COO⁻对称伸缩峰和木质素的 C=C 伸缩峰。以上 3 个交叉峰表明，在堆肥过程中多糖类、羧酸类及木质素的转化/降解存在同步性。同时在同步谱 λ_1/λ_2 = 1149 cm⁻¹/(2908~2634) cm⁻¹ 处存在负相关交叉峰。在 2908~2634 cm⁻¹ 处的为脂肪族 C—H 伸缩峰[3,4]。这些负相关交叉峰说明，在堆肥过程中多糖类和脂质类降解不一致或存在相反的过程。

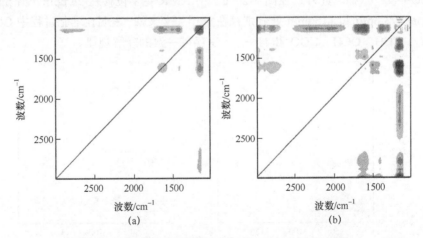

图 3-1　生活垃圾堆肥提取 DOM 的 2D FTIR 相关光谱
本图另见书末彩图

与同步谱相比，在 2D FTIR 异步相关谱中仅存在交叉峰。如图 3-1（b）所示，分别在 $\lambda_1/\lambda_2 = (1700\sim1552)\,\text{cm}^{-1}/(2908\sim2697)\,\text{cm}^{-1}$、$1506\,\text{cm}^{-1}/1608\,\text{cm}^{-1}$、$1141\,\text{cm}^{-1}/1295\,\text{cm}^{-1}$、$1141\,\text{cm}^{-1}/1367\,\text{cm}^{-1}$、$1141\,\text{cm}^{-1}/(1700\sim1552)\,\text{cm}^{-1}$、$1141\,\text{cm}^{-1}/1677\,\text{cm}^{-1}$ 和 $1141\,\text{cm}^{-1}/2805\,\text{cm}^{-1}$ 处存在 7 个负相关交叉峰。根据 Noda 定律[5]，堆肥过程中特征光谱的降解次序为 $2908\sim2697\,\text{cm}^{-1}>1670\sim1552\,\text{cm}^{-1}$、$1367\,\text{cm}^{-1}$ 和 $1295\,\text{cm}^{-1}>1141\,\text{cm}^{-1}$ 和 $1506\,\text{cm}^{-1}$。波数在 $1670\sim1552\,\text{cm}^{-1}$、$1367\,\text{cm}^{-1}$ 及 $1295\,\text{cm}^{-1}$ 处分别为蛋白组分中酰胺Ⅰ带、Ⅱ带和Ⅲ带[2,3]。因此，在堆肥过程中有机质的降解顺序为：脂质物质>蛋白类组分>多糖及木质素物质。一般而言多糖物质均结合于植物木质素上。因此，在堆肥过程中多糖类物质（纤维素和半纤维素）及木质素的转化规律一致。

3.2　堆肥过程不同碳骨架演化特征

NMR 波谱所提供的碳骨架信息常用于研究有机质的化学组成结构。如图 3-2（a）所示，2D NMR 相关同步谱 $\delta_1/\delta_2 = 23\,\text{ppm}/23\,\text{ppm}$、$31\,\text{ppm}/31\,\text{ppm}$、$38\,\text{ppm}/38\,\text{ppm}$、$73\,\text{ppm}/73\,\text{ppm}$ 和 $175\,\text{ppm}/175\,\text{ppm}$ 处存在 5 个正相关自相关峰，其强度大小顺序为 $23\,\text{ppm}/23\,\text{ppm}>73\,\text{ppm}/73\,\text{ppm}>31\,\text{ppm}/31\,\text{ppm}$ 和 $175\,\text{ppm}/175\,\text{ppm}>38\,\text{ppm}/38\,\text{ppm}$。据文献报道[6,7]，NMR 波谱化学位移在 $23\,\text{ppm}$、$31\,\text{ppm}$ 和 $38\,\text{ppm}$ 处分别为 CCH_3、CCH_2 和 CCH 碳骨架吸收峰，化学位移在 $73\,\text{ppm}$ 处为 OCH 碳骨架吸收峰，而在 $175\,\text{ppm}$ 处为 COO^- 或 N—C=O 碳骨架吸收峰。以上结果表明，在堆肥过程中有机碳的降解顺序为 $CCH_3>OCH>CCH_2$、COO^- 和 N—C=O> CCH。此外，在图 3-2（a）中 NMR 化学位移在 $23\,\text{ppm}$、$31\,\text{ppm}$、$38\,\text{ppm}$、$73\,\text{ppm}$ 和 $175\,\text{ppm}$ 处分别存在正相关交叉峰，表明在堆肥过程中 CCH_3、CCH_2、CCH、OCH、COO^- 和 N—C=O 存在一致的降解规律。

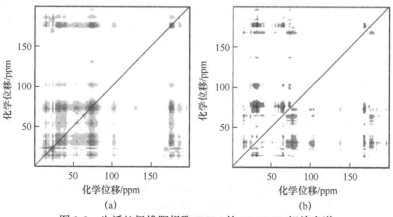

图 3-2　生活垃圾堆肥提取 DOM 的 2D NMR 相关光谱

本图另见书末彩图

2D NMR 异步相关光谱分别在 δ_1/δ_2 = 73 ppm/31 ppm、73 ppm/64 ppm、102 ppm/31 ppm、102 ppm/64 ppm、102 ppm/73 ppm、175 ppm/31 ppm、175 ppm/64 ppm 和 175 ppm/167 ppm 处存在 8 个正相关交叉峰,同时在 δ_1/δ_2 = 167 ppm/31 ppm 和 167 ppm/72 ppm 处存在两个显著的负相关交叉峰。根据 Noda 定律[5],在堆肥过程中此类峰的变化次序为:102 ppm > 73 ppm 和 175 ppm > 31 ppm 和 64 ppm > 167 ppm。化学位移在 64 ppm 处为 OCH$_2$ 的碳骨架吸收峰;102 ppm 处为 O—C—O 异端碳吸收峰;167 ppm 处为芳香碳吸收峰[6-8]。因此,在堆肥过程中有机碳的降解顺序为:O—C—O > OCH、COO⁻ 和 N—C=O > CCH$_2$ 和 OCH$_2$>芳香碳。

3.3 堆肥过程不同荧光基团演化特征

与 2D FTIR 或 NMR 相关光谱相比,2D SF 相关光谱图较简单。如图 3-3(a)所示,λ_1/λ_2 分别在 359 nm/359 nm 和(338~385) nm/280 nm 处存在正相关自相关峰和负相关交叉峰。相关研究表明[3, 9],同步波长在 280 nm 处为类蛋白物质,而在 338~385 nm 处为类富里酸和类胡敏酸物质。因此,(338~385) nm/280 nm 处的负相关交叉峰表明,在堆肥过程中类蛋白物质和类富里酸、类胡敏酸存在相反的转化特征。在堆肥过程中类蛋白降解,而类富里酸和类胡敏酸合成[3, 10];部分类蛋白在腐殖化过程中常结合于类富里酸或类胡敏酸,因而类蛋白为腐殖质中重要组分之一[11, 12]。

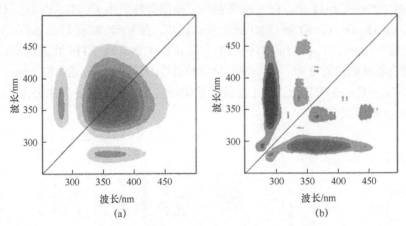

图 3-3 堆肥提取 DOM 的 2D SF 相关光谱
本图另见书末彩图

如图 3-3(b)所示,在 2D SF 异步相关光谱分别在 λ_1/λ_2=292 nm/280 nm 和(328~407) nm/292 nm 处存在两个正相关交叉峰,在 368 nm/342 nm 和 446 nm/342 nm 处存在两个负相关交叉峰。根据 Noda 定律[5],在异步 SF 各光谱转化顺序

为：342 nm > 368 nm 和 446 nm > 292 nm >280 nm。据前人研究[3, 13]，异步荧光波长在 250～308 nm 处为类蛋白物质；波长在 308～363 nm 处为类富里酸物质；363～500 nm 处为类胡敏酸物质。以上结果表明，荧光性有机质腐殖化次序为类蛋白>类富里酸 > 类胡敏酸。

　　传统方法对有机质的 FTIR、NMR 和 SF 数据分析主要通过峰的位置和强度从而得出有机质的演化特征[2, 3, 14, 15]，但仅能提供不同官能团简单的变化规律。与传统方法相比，本节研究所使用的二维相关光谱方法能呈现堆肥过程中各官能团的演化次序，通过对此种因素的掌握可以用于提高堆肥效率。综上所述，木质素因含有较高的芳香碳导致其最难被生物利用。因此，在生活垃圾堆肥过程中需添加微生物以强化降解木质素，从而提高堆肥效率。

3.4　堆肥过程不同官能团协同演化

　　2D 异质相关光谱常用于检测两种不同光谱的共变特征。正相关说明两种不同光谱强度变化一致或存在相似来源。在 2D FTIR-NMR 异质相关光谱中，在 FTIR 波数 1141 cm^{-1} 与 NMR 化学位移 14 ppm、23 ppm、31 ppm、38 ppm、54 ppm、73 ppm、102 ppm、175 ppm 和 187 ppm 处存在正相关交叉峰［图 3-4（a）］。一般认为，NMR 化学位移在 14～45 ppm 处为 CCH$_3$、CCH$_2$ 和 CCH 碳；50～60 ppm 为 OCH$_3$ 或 NCH 碳；73 ppm 为 OCH 碳；102 ppm 为 O—C—O 碳；170～190 ppm 为 COO$^-$ 或 N—C＝O 碳。以上结果表明，多糖类物质由 CCH$_3$、CCH$_2$、CCH、OCH$_3$、OCH、O—C—O 和 COO$^-$ 碳组成。此外，在 FTIR 波数 1562 cm^{-1} 与 NMR 化学位移 21 ppm、24 ppm 和 182 ppm 处存在正相关交叉峰。FTIR 波数在 1562 cm^{-1} 为类蛋白物质的酰胺 II 带，而 NMR 化学位移在 21～24 ppm 和 182 ppm 分别为 CCH$_3$ 和 N—C＝O 碳骨架。以上显著正相关峰说明，类蛋白物质主要由 CCH$_3$ 和 N—C＝O 碳组成。

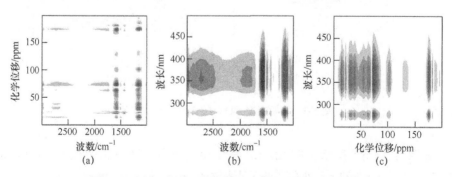

图 3-4　生活垃圾堆肥提取 DOM 的 2D 异质相关光谱

本图另见书末彩图

2D FTIR-SF 异质相关光谱在 SF 波长 328～407 nm 与 FTIR 波数 1506 cm^{-1} 和 1141 cm^{-1} 处存在正相关交叉峰 [图 3-4（b）]，表明类富里酸和类胡敏酸物质主要来源于木质素和多糖类物质。同时 SF 在波长 280 nm 与 FTIR 波数在 2977 cm^{-1}、2724 cm^{-1} 和 1562 cm^{-1} [图 3-4（b）] 处存在正相关交叉峰，表明类蛋白主要来源于脂质和蛋白质物质。此外，2D NMR-SF 异质相关光谱在 SF 波长 328～407 nm 与 NMR 化学位移 14 ppm、23 ppm、31 ppm、38 ppm、54 ppm、65 ppm、73 ppm、102 ppm、130 ppm（芳香碳）、175 ppm 和 187 ppm 处存在正相关交叉峰，表明类富里酸和类胡敏酸的碳骨架主要为 CCH$_3$、CCH$_2$、CCH、OCH、OCH$_3$、O—C—O、芳香碳和 COO$^-$。此外，SF 在波长 280 nm 与 NMR 化学位移在 22 ppm 和 182 ppm [图 3-4（c）] 处存在正相关交叉峰，说明组成类蛋白物质的碳骨架由 CCH$_3$ 和 N—C≡O 贡献。因此，DOM 中的类富里酸和类胡敏酸来源于木质素和多糖物质，主要组成官能团为 CCH$_3$、CCH$_2$、CCH、OCH、OCH$_3$、O—C—O、芳香碳和 COO$^-$；而类蛋白主要来源于含有大量 CCH$_3$ 和 N—C≡O 官能团的脂质和蛋白物质。从以木质素和氨基酸合成的腐殖质中可获取类蛋白。因此，生活垃圾堆肥 DOM 中类蛋白物质可能结合了类胡敏酸和类富里酸物质。

堆肥为由一种有机质转化为腐殖质的腐殖化过程。然而，腐殖质的形成过程仍不清楚。有研究指出[16]，腐殖质主要来源于木质素，而本节研究发现，在堆肥过程中腐殖质主要来源于多糖和蛋白物质。

3.5　小　　结

在堆肥过程中 DOM 的降解顺序为：脂质物质 > 类蛋白 > 纤维素、半纤维素和木质素；腐殖性物质转化顺序为：类蛋白 > 类富里酸 > 类胡敏酸。有机碳的降解或腐殖化强弱顺序为：O—C—O 和 CCH$_3$ > OCH > COO$^-$、N—C≡O > CCH$_2$、CCH 和 OCH$_2$ > 芳香碳。

参 考 文 献

[1] Plaza C, Senesi N, Brunetti G, et al. Evolution of the fulvic acid fractions during co-composting of olive oil mill wastewater sludge and tree cuttings. Bioresource Technology, 2007, 98:1964-1971.

[2] Y G H, Tang Z, Xu Y C, et al. Multiple fluorescence labeling and two dimensional FTIR-^{13}C NMR heterospectral correlation spectroscopy to characterize extracellular polymeric substances in biofilms produced during composting. Environmental Science & Technology, 2011, 45:9224-9231.

[3] He X S, Xi B D, Wei Z M, et al. Spectroscopic characterization of water extractable organic matter during composting of municipal solid waste. Chemosphere, 2011, 82(4): 541-548.

[4] Yu G H, Wu M J, Wei G R, et al. Binding of organic ligands with Al(Ⅲ) in dissolved organic matter from soil: implications for soil organic carbon storage. Environmental Science &

Technology, 2012, 46:6102.

[5] Noda I. Progress in two-dimensional (2D) correlation spectroscopy. Journal of Molecular Structure, 2006, 799(1-3): 2-15.

[6] Chai X L, Takayuki S, Cao X Y, et al. Spectroscopic studies of the progress of humification processes in humic substances extracted from refuse in a landfill. Chemosphere, 2007, 69(9): 1446-1453.

[7] Qu X X, Xie L, Lin Y, et al. Quantitative and qualitative characteristics of dissolved organic matter from eight dominant aquatic macrophytes in Lake Dianchi, China. Environmental Science & Pollution Research, 2013, 20(10): 7413-7423.

[8] He X S, Xi B D, Cui D Y, et al. Influence of chemical and structural evolution of dissolved organic matter on electron transfer capacity during composting. Journal of Hazardous Materials, 2014, 268:256-263.

[9] Jin H, Lee B M. Characterization of binding site heterogeneity for copper within dissolved organic matter fractions using two-dimensional correlation fluorescence spectroscopy. Chemosphere, 2011, 83:1603-1611.

[10] Marhuenda-Egea F C, Martínez-Sabater E, Jordá J, et al. Dissolved organic matter fractions formed during composting of winery and distillery residues: evaluation of the process by fluorescence excitation-emission matrix. Chemosphere, 2007, 68:301-309.

[11] Elif P M, Sedlak D L. Measurement of dissolved organic nitrogen forms in wastewater effluents: concentrations, size distribution and NDMA formation potential. Water Research, 2008, 42:3890-3898.

[12] Naomi H, Andy B, David W, et al. Can fluorescence spectrometry be used as a surrogate for the biochemical oxygen demand (BOD) test in water quality assessment? An example from South West England. Science of the Total Environment, 2008, 391:149-158.

[13] Jin H, Lee D H, Shin H S. Comparison of the structural, spectroscopic and phenanthrene binding characteristics of humic acids from soils and lake sediments. Organic Geochemistry, 2009, 40:1091-1099.

[14] Zbytniewski R, Buszewski B. Characterization of natural organic matter (NOM) derived from sewage sludge compost. Part 1: chemical and spectroscopic properties. Bioresource Technology, 2005, 96:471-478.

[15] Amir S, Benlboukht F, Cancian N, et al. Physico-chemical analysis of tannery solid waste and structural characterization of its isolated humic acids after composting. Journal of Hazardous Materials, 2008, 160:448-455.

[16] Tuomela M, Hatakka A, Itavaara M V M. Biodegradation of lignin in a compost environment: a review. Bioresource Technology, 2000, 72:169-183.

第4章 堆肥有机质演化的微生物驱动机制

4.1 堆肥水溶性有机质演化过程

堆肥实验如 1.1 节所述,取第 0 天、7 天、14 天、21 天、28 天、51 天和 90 天的样品,分别标记为 C0、C7、C14、C21、C28、C51 及 C90。部分样品采集后置于–20 ℃条件下以用于 DNA 的提取。

测定堆肥 DOM 在 254 nm 下的紫外吸收值,获得单位浓度 DOM 的特征紫外吸收值 SUVA$_{254}$;分别测定 DOM 在 275～295 nm 与 350～400 nm 下的面积值,并计算其比值 S_R;分别测定 DOM 在 253 nm 和 203 nm 下的紫外吸收值,计算其比值 E_{253}/E_{203}。扫描 DOM 在 254 nm 激发波长下的荧光发射光谱,计算发射光谱中 435～480 nm 内的荧光积分面积与 300～345 nm 内的荧光积分面积的比值 A_4/A_1。扫描 DOM 样品在一定波长差下 250～600 nm 内的同步荧光光谱,计算 250～308 nm、308～363 nm、363～600 nm 内各自荧光积分面积占总面积的百分比,记为 PLR、FLR 及 HLR。

表 4-1 为堆肥过程中 DOM 的理化指标及腐殖化参数。堆肥第 7 天 DOM 浓度急剧下降,下降了 64.5%,随后慢慢趋于稳定。SUVA$_{254}$ 和 E_{253}/E_{203} 随堆肥过程的进行呈增加趋势,至堆肥第 90 天达到最高值,表明在堆肥过程中芳香碳和含氧官能团的含量有所增加。S_R 逐渐降低,说明随着堆肥的进行,DOM 的分子量呈增大趋势[1]。PLR 有所下降,而 HLR 与之相反,在堆肥后期明显增加。FLR 在堆肥的前 14 天有所升高,而到堆肥后期又有明显降低。富里酸是堆肥过程中形成的中间产物,易被微生物降解,在堆肥后期形成大分子物质,而与此同时,微生物可获得能量供自身生长[2]。

表 4-1 堆肥过程中腐殖化指标的变化

样品	DOM /（mg/g）	SUVA$_{254}$	E_{253}/E_{203}	S_R	A_4/A_1	PLR	FLR	HLR
C0	39.60	0.19	0.09	0.30	0.88	0.70	0.28	0.02
C7	14.07	0.93	0.21	0.26	5.97	0.08	0.32	0.33
C14	12.94	0.96	0.22	0.24	6.29	0.12	0.35	0.41
C21	12.69	1.19	0.24	0.22	9.50	0.07	0.33	0.43
C28	13.26	1.23	0.25	0.19	6.21	0.02	0.32	0.64
C51	12.76	1.54	0.27	0.17	11.16	0.06	0.30	0.64
C90	11.69	1.67	0.27	0.14	15.28	0.05	0.28	0.75

4.2　堆肥过程细菌与真菌分析

　　如变性梯度凝胶电泳（DGGE）图谱（图4-1）所示，堆肥过程中细菌和真菌菌群结构变化明显，主要集中在四类菌门，包括放线菌（B27、B29、B30）、厚壁菌门（B3、B4、B5、B6、B7、B8、B9、B12、B13、B15、B18、B28）、拟杆菌门（B11、B20、B22、B31）和变形菌门（B1、B2、B10、B14、B16、B17、B19、B21、B23、B24、B25），达到全部细菌 16S rDNA 基因序列的 95%（表 4-2）。厚壁菌门中又可分为芽孢杆菌纲（B9、B13、B15）和梭菌属（B3、B5、B8）。在堆肥第 0 天，厚壁菌门所占比例最大，但随着堆肥的进行，其含量由 83.7% 下降到 12.7%［图 4-2（a）］，说明该菌群在堆肥初期发挥主要作用。相反，拟杆菌门的平均比例呈现增加趋势，在整个堆肥过程中，其含量从 5.4% 增加到 34.2%，说明拟杆菌门在堆肥后期起主要作用。在堆肥的第 7 天检测到放线菌，并在第 51 天达到最大值（16.2%），说明它在有机质转化阶段发挥重要作用，但是随着堆肥的进行，其含量有所降低。变形菌门在第 21 天减少了 5.9%，随后出现回升趋势，到第 90 天达到最大值（40.9%）。真菌序列如表 4-3 所示，主要检测到两种菌门：子囊菌门和担子菌门。在堆肥的第 0 天，大多数真菌属于子囊菌门，平均值可达到 77.4%，到第 90 天下降到 52.2%，说明子囊菌门是堆肥过程中的优势菌群。担子菌门的含量在第 90 天达到最大值（47.8%），说明担子菌门在堆肥后期促进了有机质的腐殖化。

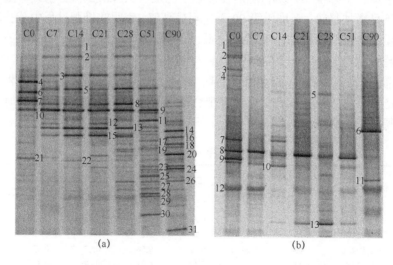

图 4-1　堆肥过程中细菌（a）及真菌（b）的 DGGE 图谱分析
（a）中条带位置 1～31 命名为 B1～B31；（b）中条带位置 1～13 命名为 F1～F13

表 4-2　DGGE 条带的 16S rDNA 序列分析

条带位置	物种名称	所属菌群	序列号	相似度/%
B1	*Psychrobacter maritimus*	变形菌门	KF424829	99
B2	*Psychrobacter pulmonis*	变形菌门	KM259962	99
B3	*Uncultured compost bacterium*	厚壁菌门	JQ775330	100
B4	*Weissella minor*	厚壁菌门	KJ830702	99
B5	*Clostridium sordellii*	厚壁菌门	KM657125	99
B6	*Lactobacillus sakei*	厚壁菌门	KM365458	100
B7	*Lactobacillus sakei*	厚壁菌门	KJ161303	100
B8	*Thermoanaerobacteraceae*	厚壁菌门	JN656279	100
B9	*Bacillus shackletonii*	厚壁菌门	KM280018	99
B10	*Psychrobacter faecalis*	变形菌门	KF424823	100
B11	*Flavobacterium* sp.	拟杆菌门	HG934362	100
B12	*Brevibacterium* sp.	厚壁菌门	JF274932	100
B13	*Uncultured Thermobacillus* sp.	厚壁菌门	JQ775349	99
B14	*Pantoea agglomerans*	变形菌门	KM502222	100
B15	*Bacillus cereus*	厚壁菌门	JN411317	99
B16	*Aeromonas veronii*	变形菌门	KM609199	100
B17	*Pusillimonas noertemannii*	变形菌门	NR_043129	99
B18	*Tepidimicrobium* sp.	厚壁菌门	KC851050	99
B19	*Rhizobium borborid*	变形菌门	LC015592	99
B20	*Sphingobacterium* sp.	拟杆菌门	EU438982	100
B21	*Psychrobacter maritimus*	变形菌门	KF424829	100
B22	*Parapedobacter composti*	拟杆菌门	NR_108385	100
B23	*Rhizobium* sp.	变形菌门	KJ128023	100
B24	*Psychrobacter maritimus*	变形菌门	AB975350	99
B25	*Achromobacter denitrificans*	变形菌门	KF378758	99
B26	*Sulfate-reducing bacterium*	细菌	KC013892	99
B27	*Nesterenkonia halobia*	放线菌	HF678854	99
B28	*Staphylococcus aureus*	厚壁菌门	FN646075	100
B29	*Brevibacterium* sp.	放线菌	KM507606	99
B30	*Saccharomonospora* sp.	放线菌	KJ922009	100
B31	*Bacteroides barnesiae*	拟杆菌门	NR_041446	100

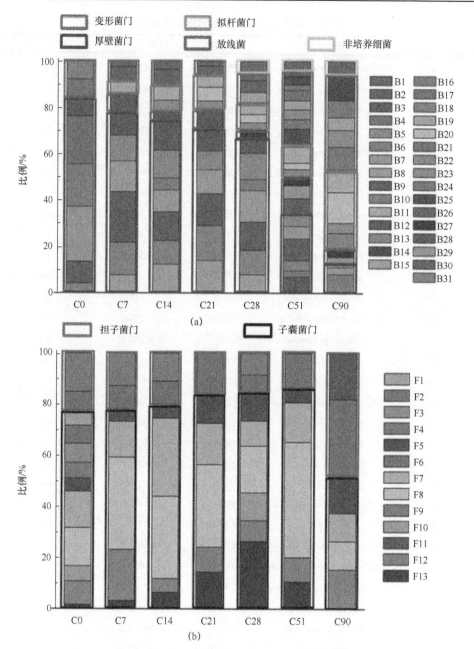

图 4-2　细菌（a）与真菌（b）组成群落的相对百分含量

表 4-3　DGGE 条带的 18S rDNA 序列分析

条带位置	物种名称	所属菌群	序列号	相似度/%
F1	*Saccharomyces cerevisiae*	子囊菌门	CP009950	100
F2	*Saccharomyces arboricola*	子囊菌门	GU266277	99
F3	*Naumovozyma dairenensis*	子囊菌门	HE580273	100
F4	*Kluyveromyces hubeiensis*	子囊菌门	AY325966	100
F5	*Candida tropicalis*	子囊菌门	M55527	100
F6	*Pseudozyma aphidis*	担子菌门	KF443200	100
F7	*Aspergillus fumigatus*	子囊菌门	KJ528402	100
F8	*Galactomyces geotrichum*	子囊菌门	AB000647	100
F9	*Uncultured Basidiomycota clone*	担子菌门	FJ889121	100
F10	*Thermomyces lanuginosus*	子囊菌门	AY706335	100
F11	*Pseudozyma rugulosa*	担子菌门	JN940458	100
F12	*Cladosporium herbarum*	子囊菌门	L76147	100
F13	*Chaetomium globosum*	子囊菌门	JQ964323	100

4.3　堆肥有机质与微生物群落动态响应

典范对应分析（CCA）和冗余分析（RDA）分别用来评估腐殖化参数与细菌和真菌菌群结构演变的关系。细菌和真菌典型特征值总和分别为 1.501 和 0.713。微生物种群结构和环境参数相关性显示，细菌和真菌均与腐殖化参数显著相关。DGGE 指纹图谱的第一个排序轴分别解释了细菌和真菌 45.7% 和 36.1% 的变化量。4 个排序轴分别解释了细菌和真菌 95.8% 和 71.3% 的总变化量。

采用偏相关分析研究了对细菌或真菌的结构演变起到显著作用的腐殖化参数。结果表明，DOM、$SUVA_{254}$、E_{253}/E_{203}、HLR、S_R 和 A_4/A_1 与细菌群落显著相关（$P = 0.002$），且分别只解释了 6.4%、16.2%、15.8%、15.3%、15.2% 和 15.2% 的变化量。根据 RDA 分析，真菌群落与 PLR、E_{253}/E_{203} 和 HLR 显著相关，分别解释了 16.3%（$P = 0.004$）、14.8%（$P = 0.048$）和 13.8%（$P = 0.028$）的变化量。

为确定哪一个种群对这几种腐殖化参数存在显著影响，CCA 和 RDA 的排序图可更好地解释微生物群落影响 DOM 腐殖化的机制。DOM 的 6 个腐殖化参数均与细菌显著相关，但是只有 3 个腐殖化参数与真菌显著相关。这说明与真菌相比，在 DOM 的腐殖化过程中细菌起到更为重要的作用。本节研究中，含水率和 FLR 均未与细菌和真菌显著相关，说明含水率和类富里酸物质不是影响微生物菌群结构的主要因素。但这一结果并不能说明含水率和 FLR 与微生物不存在相关性。许多研究表明，含水率对于微生物的菌群结构存在重要影响[3,4]，水是运输有机质的媒介，也是堆肥过程中微生物进行新陈代谢的一个重要因素[4]。

　　DOM 作为腐殖化过程的前体物质，是腐殖化的重要参数。如图 4-3 所示，乳杆菌属（B4、B6、B7）和嗜冷杆菌属（B10、B21）与 DOM 呈显著相关。在堆肥的第 0 天，B4、B6 和 B7 是最主要的种群，占总菌数的 62.7%，随后出现下降趋势，说明乳杆菌属的生长和增殖对 DOM 的降低存在明显的作用。在第 0 天中，嗜冷杆菌属的含量也相对较高，这可能是采样时间在冬季，温度过低导致了嗜冷杆菌属的存在。嗜冷杆菌属可以作为低温复合发酵剂降解简单的有机质[5]。PLR 与真菌呈显著相关，但与细菌的相关性并不显著。因此可以推测 DOM 含量较高时可能会增加细菌的多样性，而真菌更容易利用类蛋白物质。如图 4-4 所示，F7 和 F8 与 PLR 正相关，在第 0 天，F7 和 F8 占有相对较高的比例，分别为 14.3% 和 15%，并随着堆肥的进行呈现增加趋势，但是在堆肥末期有所降低，分别为 11.2% 和 11.0%，说明这两种菌在堆肥初期蛋白质降解中发挥着重要作用。

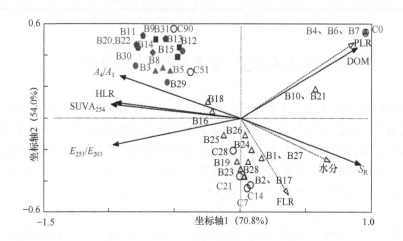

图 4-3　细菌群落与 DOM 的腐殖化参数的响应关系

与细菌群落显著相关的腐殖化参数（A_4/A_1、HLR、S_R、E_{253}/E_{203}、SUVA$_{254}$）用黑色实线表示，其余参数用虚线表示；与腐殖化参数显著相关的细菌群落用不同的实心形状表示，其余物种用空心三角形表示；采样时间用空心圆形表示

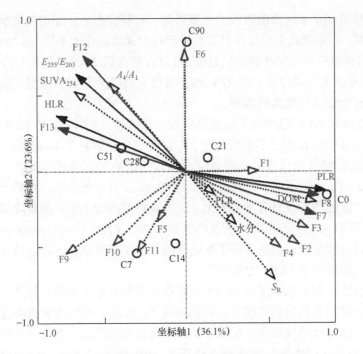

图 4-4 真菌群落与 DOM 腐殖化参数的响应关系

与真菌群落显著相关的腐殖化参数（PLR、HLR、E_{253}/E_{203}）用黑色实线表示，其余参数用虚线表示；与腐殖化参数显著相关的细菌群落用不同颜色的实线表示，其余物种用蓝色虚线表示；采样时间用空心圆形表示

如图 4-3 所示，拟杆菌门（B11、B20、B22、B31）、放线菌（B29、B30），变形菌门（B14）及厚壁菌门（B12），包括芽孢杆菌纲（B9、B13、B15）、梭菌属（B3、B5、B8）等与 E_{253}/E_{203}、$SUVA_{254}$、HLR 和 A_4/A_1 呈正相关，而与 DOM 和 S_R 呈负相关。在堆肥期间随着 DOM 腐殖化的进行，B11、B20、B22 和 B31 等所占比例从 5.4% 增加到 29.9%[图 4-2（a）]。在这些条带中，B20（*Sphingobacterium* sp.）可降解多环芳烃，并且可产生生物表面活性剂，通常在堆肥、活化的污泥和土壤中可检测到[6]。B31（*Bacteroides barnesiae*）对淀粉、纤维素及甲壳素等大分子物质具有降解作用[7]。B30（*Saccharomonospora* sp.）在第 51 天出现，占总菌数的 6.44%，说明堆肥的腐殖化会促进该物种的形成[8, 9]。B14（*Pantoea agglomerans*）主要存在于堆肥的后期，在第 51 天及 90 天的含量分别占总菌数的 3.6% 和 10.7%。该菌群为变形菌门中肠杆菌科[10]，能通过氧化乙酸盐还原腐殖质、Fe(Ⅲ)、Mn(Ⅳ)、Cr(Ⅵ)及 2, 6-蒽醌二磺酸盐等电子受体进行生长。B14 可将腐殖质作为电子受体并促进自身生长，可以推测出较高的腐殖化程度能够促进 B14 的生长，并促进堆肥中 DOM 电子转移能力的提高。B9、B13 和 B15 为芽孢杆菌纲，其总含量在第 0 天为 16.2%，到第 21 天增加到 51.5%，然而在第 90 天下降到 4.2%，

说明芽孢杆菌纲是堆肥高温阶段的优势菌群。有研究报道，芽孢杆菌纲可有效地降解有机质，在堆肥高温阶段接种芽孢杆菌可增加腐殖化水平[11, 12]。梭菌属（B3、B5、B8）与芽孢杆菌纲存在相同的趋势，其总含量在第 21 天达到最大值（34.8%），然而在第 90 天有显著下降，仅为 4.5%。有研究报道[13, 14]，该菌群在高温及厌氧条件下可有效促进纤维素的降解。

E_{253}/E_{203} 和 HLR 与细菌及真菌呈显著的相关性。E_{253}/E_{203} 和 HLR 在细菌中分别解释了 15.8%和 15.3 %的变化量，在真菌中分别解释了 14.8%和 13.8%的变化量，这说明细菌和真菌可显著影响含氧官能团和类腐殖质的形成。如图 4-4 所示，F12（*Cladosporium herbarum*）对 E_{253}/E_{203} 有显著影响，在整个堆肥过程中对含氧官能团的形成具有重要作用。F12 是典型的嗜中温纤维素降解菌，在第 28 天增加到 26.4%，而在第 51 天又降低到 1.7%。F13（*Chaetomium globosum*）可分泌多种功能蛋白，促进大分子物质纤维素、半纤维素、木质素和几丁质物质的降解，从而促进了 DOM 的腐殖化[15]。

综上所述，细菌和真菌对 DOM 的腐殖化过程有重要影响。另外，细菌和真菌的优势菌群对有机质的降解存在协同效应[9]。因此，可以推测出通过调控这些特殊的微生物的活动和群落，从而影响有机质腐殖化进程。如图 4-5 所示，在堆肥初期，乳杆菌属（B4、B6、B7）、嗜冷杆菌属（B10、B21）、F7（*Aspergillus fumigatus*）和 F8（*Galactomyces geotrichum*）均与 DOM 和 PLR 显著相关，这类微生物的增加可促进 DOM 和类蛋白物质的降解。拟杆菌门（B11、B20、B22）、厚壁菌门中的芽孢杆菌纲（B9、B13、B15）和梭菌属（B5、B8）的总含量在第 7 天后有所增加，并在第 21 天达到最大值（84.3%），说明在发酵初期调控这类菌群可增加

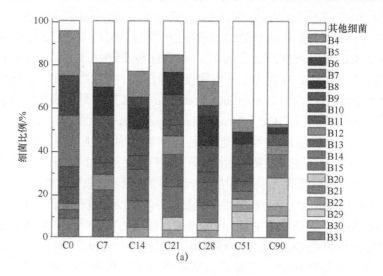

(a)

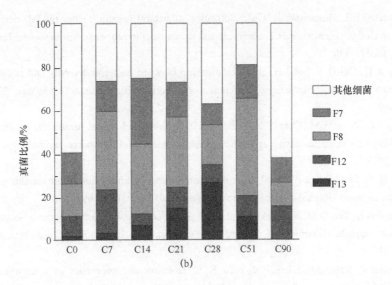

图 4-5　与 DOM 腐殖化指标显著相关的细菌（a）和真菌（b）的百分比含量

DOM 的芳香碳含量、含氧官能团、腐殖化程度及分子量。F12（*Cladosporium herbarum*）和 F13（*Cheatomium globosum*）的总含量在第 14 天降低到 11.9%，而在第 28 天升高到最大值，说明这类菌群是加速类腐殖质和含氧官能团形成的重要菌群。此外，在堆肥后期，调控 B29（*Brevibacterium* sp.）、B30（*Saccharomonospora* sp.）及 B14（*Pantoea agglomerans*）对 DOM 的腐殖化起重要作用。然而，要改善堆肥产品质量及功能还有待于深入的研究。

4.4　小　　结

细菌和真菌群落结构演变与类腐殖质和含氧官能团显著相关，然而不同的腐殖化参数受不同的微生物影响。典型对应分析表明，类腐殖质物质、腐殖化程度、分子量及芳香碳含量和含氧官能团主要受细菌影响，而类蛋白物质和类腐殖质物质主要受真菌影响。此外，研究发现特定微生物可有效地促进 DOM 的腐殖化，改变其相应的环境因子可影响关键微生物的活性及丰度，达到间接促进堆肥 DOM 腐殖化的目的。

参 考 文 献

[1] Helms J R, Stubbins A, Ritchie J D, et al. Absorption spectral slopes and slope ratios as indicators of molecular weight, source, and photobleaching of chromophoric dissolved organic matter. Limnology & Oceanography, 2008, 53:955-969.

[2] Zbytniewski R, Buszewski B. Characterization of natural organic matter (NOM) derived from sewage sludge compost. Part 1: chemical and spectroscopic properties. Bioresource Technology, 2005, 96:471-478.

[3] Wang X Q, Cui H Y, Shi J H, et al. Relationship between bacterial diversity and environmental parameters during composting of different raw materials. Bioresource Technology, 2015, 198: 395-402.

[4] Zhang J C, Zeng G M, Chen Y N, et al. Effects of physico-chemical parameters on the bacterial and fungal communities during agricultural waste composting. Bioresource Technology, 2011, 102: 2950-2956.

[5] Zhao H Y, Jie L I, Liu J J, et al. Microbial community dynamics during biogas slurry and cow manure compost. Journal of Integrative Agriculture, 2013, 12:1087-1097.

[6] Kyoungho K, Ten Q M, Wantaek I, et al. *Sphingobacterium daejeonense* sp. nov., isolated from a compost sample. International Journal of Systematic & Evolutionary Microbiology, 2006, 56:2031.

[7] Ponpium P, Ratanakhanokchai K, Kyu K L. Isolation and properties of a cellulosome-type multienzyme complex of the thermophilic *Bacteroides* sp. strain P-1. Enzyme and Microbial Technology, 2000, 26:459-465.

[8] Nakasaki K, Le T H T, Idemoto Y, et al. Comparison of organic matter degradation and microbial community during thermophilic composting of two different types of anaerobic sludge. Bioresource Technology, 2009, 100:676-682.

[9] Zhang L L, Ma H X, Zhang H Q, et al. *Thermomyces lanuginosus* is the dominant fungus in maize straw composts. Bioresource Technology, 2015, 197:266-275.

[10] Francis C A, Obraztsova A Y, Tebo B M. Dissimilatory metal reduction by the facultative anaerobe *Pantoea agglomerans* SP1. Applied & Environmental Microbiology, 2000, 66:543-548.

[11] Gannes V D, Eudoxie G, Hickey W J. Prokaryotic successions and diversity in composts as revealed by 454-pyrosequencing. Bioresource Technology, 2013, 133:573-580.

[12] Ishii K, Fukui M, Takii S, et al. Microbial succession during a composting process as evaluated by denaturing gradient gel electrophoresis analysis. Journal of Applied Microbiology, 2000, 89:768-777.

[13] Lv B Y, Xing M Y, Yang J, et al. Pyrosequencing reveals bacterial community differences in composting and vermicomposting on the stabilization of mixed sewage sludge and cattle dung. Applied Microbiology & Biotechnology, 2015, 99:10703-10712.

[14] Koki M, Dai H, Riki M, et al. Characterization and spatial distribution of bacterial communities within passively aerated cattle manure composting piles. Bioresource Technology, 2010, 101: 9631-9637.

[15] Gannes V D, Eudoxie G, Hickey W J. Insights into fungal communities in composts revealed by 454-pyrosequencing: implications for human health and safety. Frontiers in Microbiology, 2013, 4:164.

第二部分　堆肥有机质环境效应与作用机制

第5章　堆肥过程有机质络合重金属特征与影响因素

5.1　堆肥过程与样品采集

将生活垃圾收集至北京市某堆肥厂，通过人工和机器分选去除无机物及有机残渣。将有机废物进行堆肥处理，持续堆肥 51 天，其间分为活跃期（21 天）和稳定期（30 天）。在活跃期每隔 2 天进行一次翻转，湿度保持在 50%～65%。稳定期每隔 7 天进行一次翻堆，湿度保持在 50%～60%。堆肥样品分别采集于第 0 天、7 天、14 天、21 天和 51 天，分别编号为 S1、S2、S3、S4 和 S5。

5.2　堆肥溶解性有机质的化学结构和转化特征

DOM 在 280 nm 处的紫外吸收值与其木质素降解产生的苯环结构的含量有关。随着堆肥的进行，DOM 的 $SUVA_{280}$ 呈增加趋势，显示在堆肥过程 DOM 中苯环化合物的含量不断增加。

DOM 在 253 nm 与 203 nm 处紫外吸光度的比值（E_{253}/E_{203}）与其苯环结构上取代基的类型有关[1]。当苯环取代基上脂肪链增加时，E_{253}/E_{203} 值会变大；而当苯环上取代基中羧基、羰基及酯基官能团增加时，E_{253}/E_{203} 值会变小。表 5-1 显示，堆肥起始 DOM 的 E_{253}/E_{203} 值为 0.091，随着堆肥的进行不断增加，至堆肥结束时达到 0.272，表明在堆肥过程中，苯环结构上的脂肪链减少，而羧基、羰基及酯基等不断增加，即脂肪链被氧化成羧基和羰基等含氧官能团。

表 5-1　样品基本理化特性分析

样品	$SUVA_{280}$	E_{253}/E_{203}	$FTIR_{2926/1652}$	$FTIR_{1408/1652}$	$P1$	$P2$	$P3$	A_4/A_1	RI
S1	0.157	0.091	4.514	0.823	70.15	29.23	0.62	0.879	0.522
S2	0.771	0.214	3.407	1.015	22.66	75.18	2.16	5.972	0.452
S3	0.786	0.219	2.926	1.012	31.78	67.58	0.65	6.292	0.448
S4	0.971	0.239	2.956	0.958	47.86	51.53	0.61	9.498	0.464
S5	1.257	0.272	2.814	0.996	30.53	69.03	0.44	11.162	0.450

注：$FTIR_{2926/1652}$ 代表脂肪类与苯环含量的比值；$FTIR_{1408/1652}$ 代表羧基与苯环含量的比值；$P1$、$P2$ 和 $P3$ 分别代表脂肪族 H、含氮和含氧官能团 H 和苯环结构 H 的相对含量；RI 代表氧化还原指数。

　　不同堆肥时间 DOM 的 FTIR 图谱已经在本书作者先前的研究中被阐述[2]，2936～2875 cm^{-1}、1145～1125 cm^{-1} 及 1048～1044 cm^{-1} 处对应的为脂肪族化合物，1654 cm^{-1} 处对应的为苯环结构，1408 cm^{-1} 处对应的为羧基官能团。对堆肥样品中 FTIR$_{2936/1652}$ 及 FTIR$_{1408/1652}$ 的研究显示，堆肥第 0 天的 FTIR$_{2936/1652}$ 值为 4.514，堆肥结束时 FTIR$_{2936/1652}$ 值为 2.814，随着堆肥的进行 FTIR$_{2936/1652}$ 值呈下降趋势。上述结果显示堆肥初期 DOM 中脂肪类含量高，而苯环官能团含量少，堆肥结束时脂肪类大部分被降解，而苯环官能团含量增加。堆肥起始时 FTIR$_{1408/1652}$ 值为 0.823，为 5 个样品中的最小值，显示堆肥初期样品中有机质未被氧化，有机质中含氧官能团少，FTIR$_{1408/1652}$ 最大值出现在第 7 天堆肥的样品中，显示这一时期有机质氧化剧烈，有机质中含氧官能团多，随后又呈下降趋势。

　　图 5-1 为不同堆肥时间 DOM 的 ^{1}H NMR 图谱，图中 0.5～2.8 ppm 处吸收峰归属于脂肪族物质中甲基或亚甲基中 H 的吸收，2.8～4.6 ppm 处吸收峰为连接氧（或氮）碳上的 H，4.6～4.8 ppm 处为溶剂峰，4.8～10.0 ppm 处为苯环结构上的 H[3]。将样品的总积分面积扣除溶剂的积分面积后总 H 含量假定为 100%，可计算出脂肪族 H、含氮和含氧官能团 H 及苯环结构 H 的相对含量（$P1$、$P2$ 及 $P3$）。图 5-1 和表 5-1 显示，堆肥起始时脂肪族 H 含量最高（70.15%），是其他堆肥样品的两倍左右，而含氮和含氧官能团 H 含量最低（29.23%），为其他堆肥组分的一半左右。与此相反的是，堆肥第 7 天样品中有机质的含氮和含氧官能团 H 含量最高，而脂肪族 H 含量最低，显示堆肥初期有机质发生了剧烈氧化，脂肪族化合物不断被降解。在堆肥的第 21 天，脂肪族 H 含量居第二，而含氮和含氧官能团 H 含量居倒数第二。

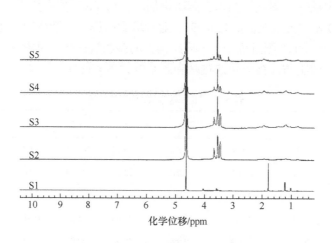

图 5-1　堆肥样品的 ^{1}H NMR 图谱

  DOM 在 254 nm 激发波长下发射光谱中 435~480 nm 与 300~345 nm 内荧光积分面积之比(A_4/A_1)与有机质的腐殖化程度呈正相关[4],堆肥第 0 天样品的 A_4/A_1 值为 0.879,随着堆肥的进行不断增加,至堆肥结束时该值为 11.162,显示在堆肥过程中有机质的腐殖化程度不断增加。腐殖化是一个有机质不断氧化和苯环结构聚合度不断增加的过程[5],在堆肥过程中有机质中的苯环和含氧官能团不断增多。

  将三维荧光光谱和平行因子分析(PARAFAC)法结合,分析堆肥有机质中荧光有机质的组分和演化规律。分析结果显示,堆肥有机质中有 4 个荧光组分(图 5-2),C1〔$\lambda_{ex}/\lambda_{em}$=(235 nm,295 nm,315 nm)/395 nm〕属于类富里酸物质,C2〔$\lambda_{ex}/\lambda_{em}$=(260 nm,275 nm,350 nm)/442 nm〕属于类胡敏酸物质,C3〔$\lambda_{ex}/\lambda_{em}$=(230 nm,275 nm)/335 nm〕属于类色氨酸物质,而 C4〔$\lambda_{ex}/\lambda_{em}$=(225 nm,255 nm)/295 nm〕属于类酪氨酸物质[5]。

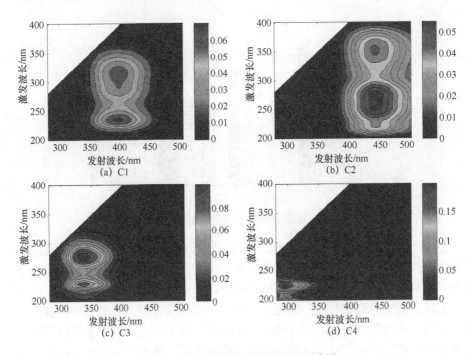

图 5-2　平行因子分析所得四个组分图

  堆肥过程中每个组分的相对含量值 F_{max} 变化如图 5-3 所示。类腐殖质组分(C1 和 C2)在堆肥起始时最低,随着堆肥的进行持续增加,至堆肥结束达到最大值,显示在堆肥过程中,堆肥样品 DOM 中类腐殖质物质不断增多。类蛋白物质(C3 和 C4)在堆肥起始时含量最大,经过 7 天堆肥后均发生了下降。在随后 7~51

天中，C3 先增加后减少，而 C4 持续增加。类色氨酸物质（C3）和类酪氨酸物质（C4）可以以自由态或者结合在蛋白质、多肽及腐殖质上的结合态存在[6]。在堆肥过程中，腐殖质物质主要由木质素降解产生的醌类和酚类物质与蛋白质降解产生的多肽和氨基酸类（包括酪氨酸和色氨酸类物质）合成。因此，堆肥过程中 C3 和 C4 在初期的迅速降解可能与类蛋白物质主要为自由态或结合态有关，随后的增加可能与类色氨酸和类酪氨酸结合在腐殖质物质上，成为腐殖质物质的一部分有关，即堆肥初期类色氨酸和类酪氨酸主要以易被生物利用的自由态和多肽或蛋白质结合态存在，堆肥后期主要以结合在腐殖质上的结合态存在。

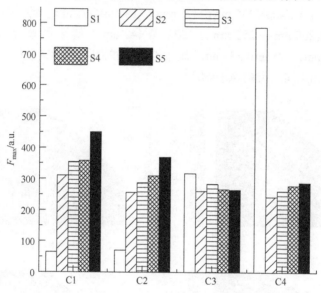

图 5-3　堆肥过程中不同组分浓度变化分析

　　C2 比 C1 具有更大的发射波长，一种原因可能是 C2 含有更多的苯环结构，共轭度更高；另外一种原因可能就是相对于 C1，C2 上给电子基团多而吸电子基团少。在堆肥有机质中，腐殖质物质来源于木质素降解产生的醌类物质，醌类物质中的氧以酮基的形式存在，为吸电子基团，而当其得到一个氢变为羟基成为氢醌物质时，为给电子基团。Cory 和 Mcknight[7]与 Miller 等[8]根据平行因子鉴定出荧光组分中醌类荧光物质与氢醌类荧光物质的含量，提出了氧化还原指数（RI）以表征有机质的氧化还原性。该指数值为氢醌类物质荧光强度值与所有醌类物质荧光强度值之比。本节研究中，C1 为类似醌类物质，而 C2 为类似氢醌类物质，RI 为 C2 的荧光强度值与 C1、C2 荧光强度值和之比。如表 5-1 所示，在堆肥起始时 RI 值最大，随堆肥的进行 RI 尽管发生了波动，但总体呈下降趋势，显示堆肥起始时苯环官能团上给电子基团含量高，这些基团在堆肥过程中与氧反应不断被氧化成吸电子基团。

5.3　堆肥溶解性有机质与重金属络合参数

不同堆肥时间 DOM 的三维荧光光谱图如图 5-4 所示，随着重金属 Cu 和 Pb 的加入，堆肥 DOM 的荧光强度均发生了显著下降。相对于 Pb 而言，加入 Cu 后堆肥 DOM 的荧光强度下降更为剧烈，显示 Cu 对堆肥 DOM 具有更大的猝灭效应。

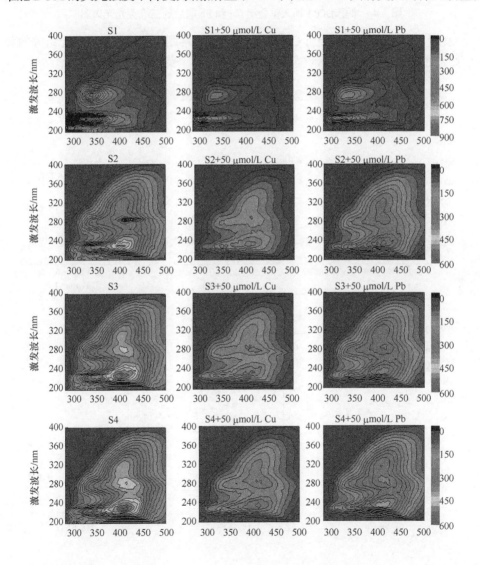

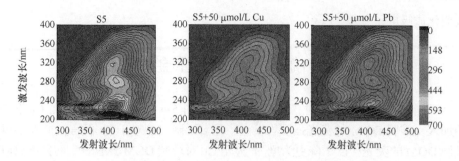

图 5-4 堆肥 DOM 加入重金属 Cu 和 Pb 前后的三维荧光光谱图

图 5-5 显示，随着重金属 Cu 和 Pb 的加入，堆肥 DOM 中 4 个荧光组分的荧光强度均发生了下降，显示重金属 Cu 和 Pb 对 4 个荧光组分都能很好地结合。

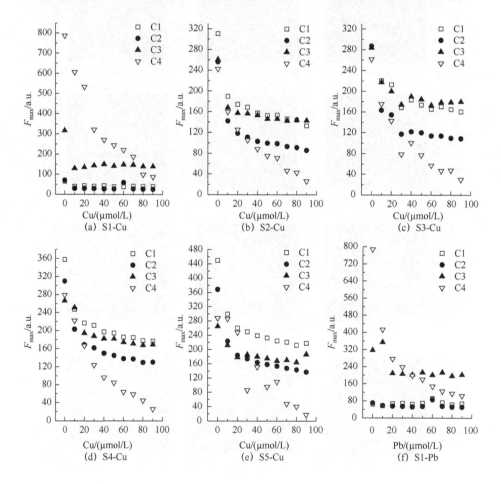

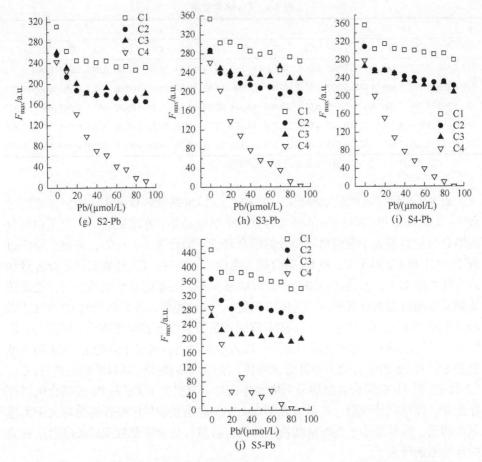

图 5-5　平行因子分离所得不同组分的荧光强度随 Cu 和 Pb 加入的变化曲线

采用 Ryan-Weber 非线性拟合方程，对 4 个不同荧光组分与重金属 Cu 和 Pb 的络合过程进行了拟合。表 5-2 显示，方程的拟合度（R^2）在 0.878~0.998，显示其拟合度较好。堆肥起始时 C1 和 C2 对 Cu 的络合能力最强，其络合常数 lg K 最大（5.972 和 5.957），随后尽管有波动，但随着堆肥的进行 C1 和 C2 对重金属 Cu 的络合能力总体呈下降趋势，显示堆肥的进行降低了腐殖质物质对 Cu 的络合能力。C3 堆肥第 0 天时对重金属 Cu 的络合常数最大（5.980），但堆肥第 7 天时下降到最小（5.480），随后随堆肥的进行络合常数不断增大。与 C3 类似，C4 也是随着堆肥的进行对 Cu 的络合能力持续增加，显示结合在腐殖质上的蛋白质对重金属 Cu 的络合能力不断增加。

表 5-2　Cu 络合参数

样品	lgK				C_L				f /%				R^2			
	C1	C2	C3	C4	C1	C2	C3	C4	C1	C2	C3	C4	C1	C2	C3	C4
S1	5.972	5.957	5.980	4.992	0.005	0.006	0.005	35.273	38.24	62.64	56.95	100.00	0.944	0.997	0.966	0.979
S2	5.266	5.244	5.480	4.732	0.027	0.028	0.017	5.365	56.83	68.71	46.35	100.00	0.989	0.998	0.995	0.983
S3	5.233	5.234	5.600	4.824	0.029	0.029	10.494	10.371	57.24	65.90	38.59	100.00	0.981	0.987	0.971	0.974
S4	5.098	5.076	5.718	5.017	0.040	0.042	28.218	34.353	54.21	62.98	36.95	100.00	0.996	0.998	0.958	0.995
S5	5.169	5.169	5.947	5.422	0.034	0.034	14.368	66.316	55.68	65.76	34.86	100.00	0.998	0.998	0.948	0.878

注: C_L: 络合容量; f: 参与络合官能团占总官能团数量的百分比。

表 5-2 显示，堆肥起始时 C1、C2 和 C3 对 Cu 络合容量最小，随后在堆肥过程中，C1、C2 和 C3 对 Cu 的络合容量均呈增加趋势。在堆肥后期，类蛋白组分的络合容量显著大于类腐殖质组分的络合容量。结合表 5-3 可知，在整个堆肥过程中，C1 和 C2 对于 Cu 和 Pb 络合能力降低了；另外，C3 经堆肥后络合容量和络合能力增加了，但是参与络合的官能团减少了，显示随着堆肥的进行，类腐殖质物质逐渐成为主导其环境行为的有机质。与 Cu 类似，堆肥起始时 C1 和 C2 对 Pb 的络合容量也最大（表 5-3），随着堆肥的进行其络合容量整体呈下降趋势，堆肥第 7 天样品的 C3 的络合能力最高，随着堆肥的进行也呈下降趋势。C4 随着堆肥的进行对 Pb 的络合能力却呈增加趋势，与 Cu 不同的是，随着堆肥的进行，C1、C2 和 C3 对 Pb 的络合容量均呈下降趋势，显示有机质中 Cu 和 Pb 的络合机制存在差异。经堆肥处理后，生活垃圾 DOM 中类腐殖质物质的络合容量均大于类色氨酸物质，但显著小于类酪氨酸物质的络合容量，显示堆肥处理后类腐殖质物质的环境影响增大了。

表 5-3　Pb 络合参数

样品	lgK				C_L				f /%				R^2			
	C1	C2	C3	C4	C1	C2	C3	C4	C1	C2	C3	C4	C1	C2	C3	C4
S1	5.937	5.197	5.933	4.991	12.965	0.989	24.428	0.051	20.58	28.60	37.30	95.36	0.722	0.940	0.885	0.998
S2	5.092	5.104	5.941	5.392	0.040	7.153	24.935	45.547	27.70	37.68	32.80	100.00	0.977	0.991	0.962	0.982
S3	4.717	4.811	5.723	5.324	0.096	0.077	9.535	38.350	30.35	36.39	18.19	100.00	0.871	0.976	0.810	0.987
S4	5.186	4.959	4.710	5.447	0.033	0.055	9.103	38.897	19.35	28.62	31.45	100.00	0.883	0.959	0.905	0.989
S5	4.973	5.008	5.106	5.293	0.053	0.049	0.039	15.025	24.15	29.71	25.65	100.00	0.877	0.925	0.933	0.939

相关性分析显示（图 5-6），C1 和 C2 在堆肥中的浓度达到显著相关，显示二者可能存在类似的来源。此外，C1 和 C2 对 Cu 络合的条件稳定常数也达到了极显著相关（$P<0.01$），显示类富里酸物质和类胡敏酸物质可能对 Cu 存在类似的络

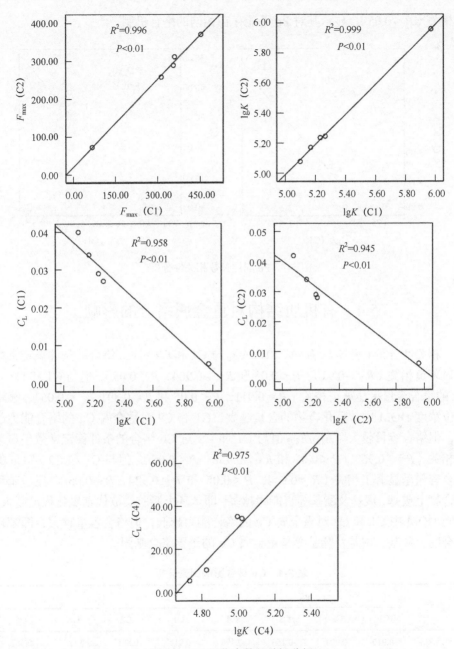

图 5-6　Cu 配位参数相关性分析

合机制。C1 和 C2 对 Cu 的络合能力均与其对应的络合容量存在显著负相关，但是 C4 的络合能力和络合容量呈显著正相关，显示 C1、C2 与 C4 的络合机制存在差异。如图 5-7 所示，C1 和 C4 对 Pb 的络合能力均与其对应的络合容量达到显著正相关（$P < 0.05$），显示其对 Pb 可能存在相同的络合机制。

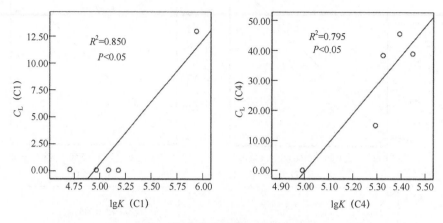

图 5-7　Pb 配位参数相关性分析

5.4　有机质结构对重金属络合的影响

相关性分析（表 5-4）显示，$SUVA_{280}$ 与 C1 和 C2 对 Cu 络合的条件稳定常数呈显著负相关（$R = -0.910$，$P < 0.05$ 和 $R = -0.904$，$P < 0.05$），但与 C1 和 C2 对 Cu 的络合容量呈显著正相关（$R = 0.911$，$P < 0.05$ 和 $R = 0.891$，$P < 0.05$），显示单位浓度 DOM 中苯环化合物的含量越大，C1 和 C2 对重金属 Cu 的络合能力越低，但络合容量越大。E_{253}/E_{203} 值与 C1 和 C2 对 Cu 络合的条件稳定常数呈显著负相关（$R = -0.963$，$P < 0.01$ 和 $R = -0.958$，$P < 0.05$），但与 C1 和 C2 对 Cu 的络合容量呈显著正相关（$R = 0.944$，$P < 0.05$ 和 $R = 0.924$，$P < 0.05$），显示苯环化合物上羧基、羰基及酯基等官能团越多，即苯环上脂肪类取代基氧化程度越大，堆肥 DOM 中 C1 和 C2 对重金属 Cu 的络合能力越低，但络合容量越大，即苯环化合物上羧基、羰基及酯基等是重金属 Cu 的重要络合基团。

表 5-4　Cu 络合影响因素分析

参数	lg$K$				C_L			
	C1	C2	C3	C4	C1	C2	C3	C4
$SUVA_{280}$	−0.910*	−0.904*	−0.153	0.493	0.911*	0.891*	0.627	0.382
E_{253}/E_{203}	−0.963**	−0.958*	−0.312	0.342	0.944*	0.924*	0.609	0.222
$FTIR_{1408/1652}$	−0.894*	−0.889*	−0.675	−0.090	0.784	0.757	0.256	−0.231

续表

参数	lg$K$				C_L			
	C1	C2	C3	C4	C1	C2	C3	C4
FTIR$_{2936/1652}$	0.967**	0.958*	0.364	−0.246	−0.946*	−0.924*	−0.663	−0.119
P1	0.780	0.775	0.656	0.100	−0.641	−0.611	−0.037	0.238
P2	−0.790	−0.785	−0.640	−0.077	0.654	0.623	0.057	−0.217
P3	−0.094	−0.111	−0.727	−0.650	−0.035	−0.024	−0.516	−0.660
A_4/A_1	−0.897*	−0.892*	−0.085	0.536	0.929*	0.916*	0.733	0.442
RI	0.936*	0.930*	0.601	−0.009	−0.846	−0.820	−0.368	0.132

注：显示显著性水平*$P < 0.05$，**$P < 0.01$。

FTIR 光谱（表 5-4）显示，FTIR$_{1408/1652}$ 也与 C1 和 C2 对重金属 Cu 络合的条件稳定常数呈显著负相关（$R = -0.894$，$P < 0.05$ 和 $R = -0.889$，$P < 0.05$），显示堆肥 DOM 中苯环上羧基和羰基含量越大，C1 和 C2 对重金属 Cu 的络合能力越低。尽管 FTIR$_{1408/1652}$ 与 C1 和 C2 对 Cu 的络合容量未达到显著相关（$R = 0.784$，$P = 0.117$ 和 $R = 0.757$，$P = 0.138$），但也呈正相关性，显示堆肥有机质中羧基、羰基等是络合 Cu 的主要官能团。FTIR$_{2936/1652}$ 与 C1 和 C2 对 Cu 络合的条件稳定常数呈显著正相关（$R = 0.967$，$P < 0.01$ 和 $R = 0.958$，$P < 0.05$），但与 C1 和 C2 对 Cu 的络合容量呈显著负相关（$R = -0.946$，$P < 0.05$ 和 $R = -0.924$，$P < 0.05$），显示堆肥 DOM 中苯环化合物上脂肪族取代基含量越大，腐殖质物质对重金属 Cu 的络合能力越高，但络合容量小，这可能与脂肪族化合物上络合位点少有关。

核磁共振分析显示，堆肥 DOM 中脂肪族化合物及含氮和含氧有机质与 C1 和 C2 对重金属的络合能力及络合容量均未达到显著相关，这可能是由于核磁共振揭示的脂肪族化合物及含氮和含氧官能团不仅包括堆肥样品中苯环化合物上的，还包括非苯环化合物上的。

如表 5-4 所示，腐殖化指数 A_4/A_1 与 C1 和 C2 对 Cu 络合的条件稳定常数呈显著负相关（$R = -0.897$，$P < 0.05$ 和 $R = -0.892$，$P < 0.05$），但与 C1 和 C2 对 Cu 的络合容量呈显著正相关（$R = 0.929$，$P < 0.05$ 和 $R = 0.916$，$P < 0.05$），显示堆肥样品的腐殖化程度越高，其中的腐殖质物质（C1 和 C2）对 Cu 的络合能力越低，但络合容量越大。RI 与堆肥 DOM 中 C1 和 C2 对 Cu 的络合能力达到了显著正相关（$R = 0.936$，$P < 0.05$ 和 $R = 0.930$，$P < 0.05$），显示堆肥 DOM 中苯环上羟基含量越多，C1 与 C2 对重金属 Cu 的络合能力越高。相对于酮基而言，羟基为给电子基团，对重金属的络合能力较高。然而，RI 与 C1 和 C2 对 Cu 的络合容量相关性未达到显著水平（$R = -0.846$，$P = 0.071$ 和 $R = -0.82$，$P = 0.089$），这与堆肥 DOM 中 C1 和 C2 中的酮基及羟基都能与 Cu 络合有关。

　　综合上述研究可知，堆肥 DOM 中 C1 和 C2 中苯环结构上给电子的脂肪链、酚羟基和吸电子的羧基、羰基及酯基都能络合重金属 Cu，但吸电子基团会降低 C1 和 C2 对 Cu 的络合能力，增大其络合容量，给电子基团会提高 C1 和 C2 对 Cu 的络合能力，减小其络合容量。

　　在所有的相关性分析中，C3 和 C4 对重金属 Cu 的络合能力和络合容量均未与任何理化参数达到显著相关。C3 和 C4 均属于类蛋白组分，堆肥过程中类蛋白物质不断发生降解，在堆肥前期的类蛋白组分主要以自由态或结合在蛋白质或多肽上的结合态存在，而在堆肥后期，这些类蛋白物质可能结合在类腐殖质物质上，成为类腐殖质物质的一部分。存在形态的不同可能是导致 C3 和 C4 与相关理化参数不存在相关性的原因。

　　如表 5-5 所示，堆肥 DOM 的 $SUVA_{280}$ 值与 C1 和 C2 对重金属 Pb 的络合能力和络合容量均未达到显著相关，但堆肥 DOM 的 E_{253}/E_{203} 值与 C1 对金属 Pb 的络合容量呈显著负相关（$R = -0.944$，$P < 0.05$），显示苯环结构上羧基、羰基及酯基含量越大，对 Pb 的络合容量越小。这可能是由于苯环结构上的脂肪链主要络合金属 Pb。FTIR 光谱中 $FTIR_{1408/1652}$ 与 C1 对 Pb 的络合常数和络合容量均呈显著负相关（$R = -0.953$，$P < 0.05$ 和 $R = -0.959$，$P < 0.05$），显示堆肥 DOM 中羧基和羰基含量越大，C1 对 Pb 的络合能力和络合容量越低。核磁共振分析也显示，堆肥 DOM 中含氧和含氮官能团相对含量与 C1 对 Pb 的络合能力和络合容量均呈显著负相关，进一步证实了 DOM 中 C1 中含氧和含氮官能团不是 Pb 络合的官能团。FTIR 光谱中 $FTIR_{2936/1652}$ 与 C1 对 Pb 的络合容量和络合能力均达到了显著正相关（$R = 0.918$，$P < 0.05$ 和 $R = 0.946$，$P < 0.05$），显示苯环上脂肪链为重金属 Pb 的主要络合官能团，脂肪链含量越大，C1 对重金属 Pb 的络合容量和络合能力越高。

表 5-5　Pb 络合影响因素分析

参数	lg$K$				C_L			
	C1	C2	C3	C4	C1	C2	C3	C4
$SUVA_{280}$	−0.773	−0.547	−0.688	0.758	−0.875	−0.143	0.013	0.425
E_{253}/E_{203}	−0.852	−0.625	−0.631	0.842	−0.944*	−0.069	0.038	0.566
$FTIR_{1408/1652}$	−0.953*	−0.654	−0.204	0.846	−0.959*	0.258	−0.155	0.784
$FTIR_{2936/1652}$	0.918*	0.799	0.617	−0.843	0.946*	0.195	−0.060	−0.615
$P1$	0.872	0.474	0.028	−0.736	0.874	−0.427	0.316	−0.703
$P2$	−0.885*	−0.495	−0.047	0.738	−0.882*	0.397	−0.320	0.694
$P3$	−0.087	0.316	0.504	0.311	−0.218	0.989**	−0.036	0.55
A_4/A_1	−0.700	−0.532	−0.794	0.753	−0.834	−0.228	0.145	0.39
RI	0.965**	0.701	0.321	−0.864	0.979**	−0.147	0.109	−0.751

注：显示显著性水平*$P < 0.05$，**$P < 0.01$。

腐殖化指数 A_4/A_1 与 DOM 对重金属 Pb 的络合能力和络合容量均未达到显著相关（表 5-5），但氧化还原指数 RI 与 C1 对重金属 Pb 的络合能力和络合容量均达到了极显著正相关（$R = 0.965$，$P < 0.01$ 和 $R = 0.979$，$P < 0.01$），显示堆肥 DOM 的还原性越强，对 Pb 的络合容量和络合能力越高，即羟基是堆肥 DOM 络合 Pb 的主要官能团。

从上面的讨论可以知道，堆肥 DOM 中 C1 主要通过苯环结构上给电子基团（如脂肪链和羟基）对重金属 Pb 进行络合。而 C1 和 C2 上无论是吸电子基团还是给电子基团，都能络合 Cu。

图 5-8 显示，随着重金属 Cu 和 Pb 的加入，不同堆肥样品 DOM 的 RI 值均呈下降趋势，显示随着重金属的加入，堆肥 DOM 提供电子的能力越来越低，即重金属的结合降低了堆肥有机质的电子提供能力。

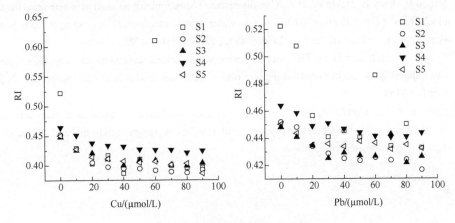

图 5-8　RI 随重金属加入的变化

5.5　小　　结

随着堆肥的进行，堆肥有机质的异质性减弱，简单糖类、脂类及蛋白质类物质被降解，腐殖质物质的相对含量和稳定性增强，络合容量增大，导致随着堆肥的进行存在一个重金属（如 Cu）从简单有机质到腐殖质的转移过程。此外，经过堆肥后，有机质中腐殖质类物质对重金属 Cu 和 Pb 的结合能力降低，对 Cu 的络合容量增大，但对 Pb 的络合容量减小，显示在堆肥过程中，非腐殖质结合态的 Cu 和 Pb 存在一个释放的过程，且以 Pb 的释放最为强烈。研究也表明，将未腐熟的堆肥用于重金属污染土壤的修复，有机质会进一步腐殖化，会活化土壤重金属，加剧吸附态重金属的释放，增强其溶解性和迁移性。

参 考 文 献

[1] Korshin G V, Li C W, Benjamin M M. Monitoring the properties of natural organic matter through UV spectroscopy: a consistent theory. Water Research, 1997, 31:1787-1795.

[2] He X S, Xi B D, Wei Z M, et al. Spectroscopic characterization of water extractable organic matter during composting of municipal solid waste. Chemosphere, 2011, 82(4): 541-548.

[3] Bartoszek M, Polak J, Sułkowski W W. NMR study of the humification process during sewage sludge treatment. Chemosphere, 2008, 73:1465-1470.

[4] Zsolnay A, Baigar E, Jimenez M, et al. Differentiating with fluorescence spectroscopy the sources of dissolved organic matter in soils subjected to drying. Chemosphere, 1999, 38:45-50.

[5] He X S, Xi B D, Jiang Y H, et al. Structural transformation study of water-extractable organic matter during the industrial composting of cattle manure. Microchemical Journal, 2013, 106:160-166.

[6] Naomi H, Andy B, David W, et al. Can fluorescence spectrometry be used as a surrogate for the biochemical oxygen demand (BOD) test in water quality assessment? An example from South West England. Science of the Total Environment, 2008, 391:149-158.

[7] Cory R M, Mcknight D M. Fluorescence spectroscopy reveals ubiquitous presence of oxidized and reduced quinones in dissolved organic matter. Environmental Science & Technology, 2005, 39:8142-8149.

[8] Miller M P, Mcknight D M, Cory R M, et al. Hyporheic exchange and fulvic acid redox reactions in an Alpine stream/wetland ecosystem, colorado front range. Environmental Science & Technology, 2006, 40:5943-5949.

第6章　堆肥过程有机质电子转移特征

6.1　实验设计和样品采集

DOM 可以作为电子介体，促进 Fe(Ⅲ)、Mn(Ⅳ)、Hg(Ⅱ)、Cr(Ⅵ)等高价金属离子和有机氯农药、硝基苯、硝基酚等持久性有机污染物的还原[1-3]。DOM 的电子转移能力（ETC）主要归因于其内部的氧化还原组分[1, 3-5]。DOM 的来源和形成过程对其 ETC 有很大的影响[4, 6, 7]，如土壤中的 DOM 比河流中的 DOM 具有更高的电子接受能力（EAC）和更低的电子供给能力（EDC）[8]。这种现象主要与 DOM 的前驱体和随后的稳定过程有关[4]。与 DOM 的前驱体相比，DOM 的稳定化过程对其氧化还原性能的影响更难研究，报道较少，阻碍了人们对 DOM 的氧化还原性质及其在环境中的地球化学行为的认识。

DOM 的 ETC 包括 EAC 和 EDC。然而，在自然环境中，ETC 比 EAC 和 EDC 的总和要小，这是因为其中的一些氧化还原官能团只能接受或供给一次电子，如醇或醛。DOM 还原主要由自然环境中细胞外呼吸菌所致，而且可为 Fe(Ⅲ)、硝酸盐和有机污染物提供电子受体[4, 9]。本节研究选择乳酸作为电子供体，柠檬酸铁（FeCit）作为受体，同时使用胞外呼吸细菌 *S. oneidensis*（MR-1）作为模型胞外呼吸细菌[10]还原堆肥 DOM。利用荧光光谱分析了堆肥 DOM 的组成和变化。通过相关分析，揭示了堆肥过程中 DOM 组分对其 ETC 的影响。

微生物还原实验分为三个体系：①本底 ETC 体系（无 MR-1）；②微生物还原 ETC 体系（添加 MR-1）；③微生物还原 ETC（混合）体系（DOM、MR-1 和 FeCit 混合）。

堆肥实验如 5.1 节所述，取第 0 天、7 天、14 天、21 天和 51 天的样品用于实验研究。

6.2　堆肥 DOM 稳定化过程中组分演变特征

堆肥提取 DOM 包含四种组分（图 6-1），C1 和 C3 的最大 $\lambda_{ex}/\lambda_{em}$ 分别为 215 nm/410 nm 和 360 nm/440 nm，是两种类胡敏酸[11]。C2 为类蛋白物质，特征 $\lambda_{ex}/\lambda_{em}$ 为(225 nm、275 nm)/335 nm[12]。C4 为类富里酸物质，最大 $\lambda_{ex}/\lambda_{em}$ 为(235 nm，310 nm)/395 nm[13]。DOM 中常含有类蛋白成分，主要由有机质降解和微生物活动

所致。C2（类蛋白物质）含有两个峰。特征 $\lambda_{ex}/\lambda_{em}$ = 225 nm/335 nm 的峰来自色氨酸类物质，主要归因于氨基酸的芳香结构。$\lambda_{ex}/\lambda_{em}$ = 275 nm/335 nm 的峰与微生物副产物有关，表明微生物活性对 DOM 的组成有影响。

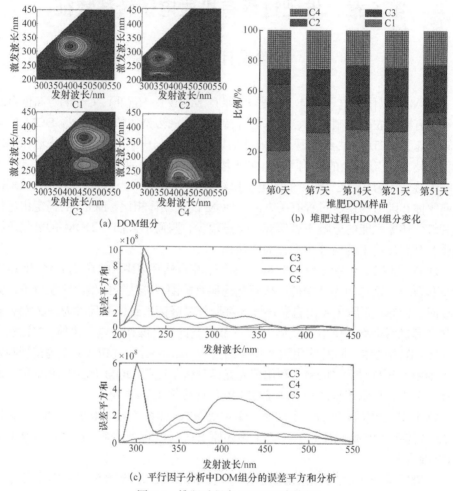

(a) DOM组分

(b) 堆肥过程中DOM组分变化

(c) 平行因子分析中DOM组分的误差平方和分析

图 6-1　堆肥过程中 DOM 组成特征

堆肥 DOM 紫外光谱（图 6-2）显示，堆肥 DOM 紫外特征吸收值 S_R 随堆肥进行呈逐步降低趋势，S_R 与 DOM 分子量成反比，表明随堆肥进行，DOM 分子量逐渐增大。SUVA$_{254}$ 用来表征木质素来源芳香碳含量，该特征值随堆肥进行呈显著增高趋势，表明随堆肥进行，木质素逐步降解，同时降解产物又与 DOM 结合，形成分子量更大、结构更为复杂的 DOM 组分。HIX 常用来表征 DOM 腐殖化程度，随堆肥进行，堆肥 DOM 的 HIX 呈逐渐增加趋势，表明堆肥 DOM 稳定化过程腐殖化程度增加。

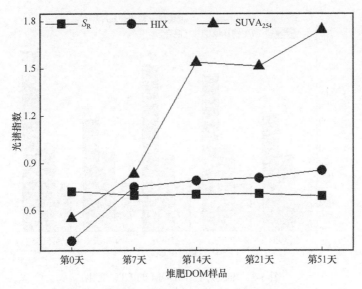

图 6-2　堆肥过程中堆肥 DOM 光谱指数的变化

6.3　堆肥过程中 DOM 的电子转移能力（ETC）变化

堆肥过程中 DOM 的本底 ETC 增加,微生物还原 ETC 波动,微生物还原 ETC（混合）增加（图 6-3）。DOM 的本底 ETC 主要是由其中的酚、醇等给电子基团所致[14]。腐殖质类组分富含酚类和醇类[15],在堆肥过程中腐殖质衍生的 DOM 中腐殖质类组分含量增加[4, 9],这可能导致堆肥过程中本底 ETC 的增加。此外,此结果与本书作者之前研究中采用电化学方法测定的堆肥 DOM 的 EDC 在堆肥过程变化一致[16],进一步证实了 DOM 在稳定过程中的本底 ETC 增加。DOM 的微生物还原 ETC 与其中的电子受体和电子供体基团有关,但这些基团在蛋白质、富里酸和类胡敏酸组分中的含量不同,导致 DOM 微生物还原 ETC 在堆肥过程中的波动。微生物还原 ETC（混合）代表 DOM 的持续电子转移能力,主要归因于 DOM 内部的电子转移基团,其中 DOM 中最重要的电子转移基团是醌基[8]。堆肥 DOM 在稳定化过程中醌类物质含量增加（图 6-4）,富里酸组分和胡敏酸组分均含有醌类物质[4, 5, 8],导致堆肥过程中 DOM 的 ETC 持续增加。同时,堆肥 21 天后得到的 DOM 的微生物还原 ETC（混合）最低（图 6-3）。这一结果与堆肥过程中 DOM 醌类物质含量的变化不太一致,表明堆肥 DOM 电子转移基团的功能也会受到结构、取代基和取代位置等因素的影响[4, 8]。堆肥过程中 DOM 的 ETC 变化表明, DOM 在稳定化过程中的组分变化对其性质有显著影响,进而影响 DOM 在环境中的地球化学行为。

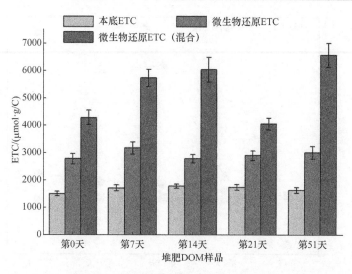

图 6-3　堆肥过程中 DOM 的 ETC 变化

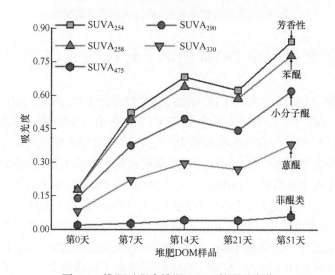

图 6-4　堆肥过程中堆肥 DOM 的醌基变化

　　此外，堆肥 DOM 的本底 ETC 和微生物还原 ETC 均高于陆地胡敏酸和富里酸，但低于水生胡敏酸和富里酸[14]，表明堆肥 DOM 中电子转移相关官能团的含量高于陆地胡敏酸和富里酸，低于水生胡敏酸和富里酸。这可能是由于堆肥 DOM 尤其是胡敏酸和富里酸的形成时间比陆地胡敏酸和富里酸短得多，导致更多的氧化还原官能团保留在堆肥 DOM 中[4, 14]，而水生生物在形成过程和活动环境中保留了大量的氧化还原官能团。因此，本书作者认为堆肥 DOM 是介于陆地和水生胡敏酸和富里酸之间的一种有机质。

6.4　堆肥过程中 DOM 组分的变化

由 FeCit 引起的四种荧光组分的含量变化在四种反应体系中表现出显著差异（图 6-5）。FeCit（含有 DOM 和 FeCit 的体系）引起氧化过程后，C 大 2（类蛋白物质）和 C4（类富里酸物质）的含量（标记为 F_{max}）显著降低 [图 6-5（a）]。C2

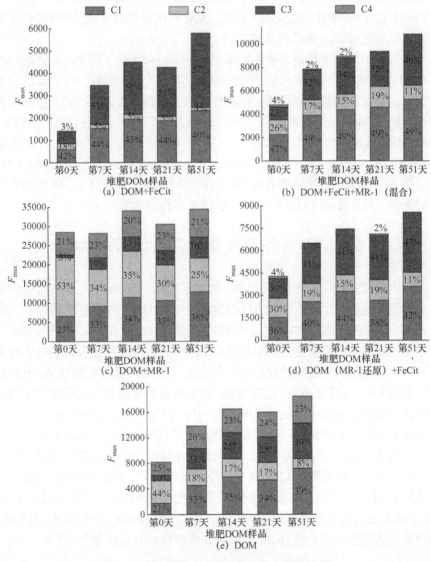

图 6-5　四种环境系统中堆肥 DOM 的组分变化

图内数值相加不为 100%是四舍五入造成的

和 C4 的 F_{max} 降低是由于：①两个组分在反应过程中被 Fe(Ⅲ)氧化，降低了 C2 和 C4 的荧光强度，因为氧化态荧光基团的荧光强度比原来的组分低[17]；②堆肥 DOM 在反应后与 FeCit 结合，C2 和 C4 的荧光被 Fe(Ⅱ)和 Fe(Ⅲ)猝灭，从而降低其荧光强度[6]。

总体而言，类富里酸和蛋白质组分比类胡敏酸组分更为活跃[15]，类富里酸和蛋白质组分在反应过程中表现出更强的 Fe(Ⅲ)氧化作用，与 Fe(Ⅱ)和 Fe(Ⅲ)的络合作用比类胡敏酸组分（C1 和 C3）更强。FeCit 是一种 Fe(Ⅲ)的络合物，C2、C4 与 Fe(Ⅲ)之间的络合作用较弱，因此，氧化作用是导致反应过程中 DOM 中蛋白质和富里酸组分 F_{max} 降低的主要原因。

反应过程中的微生物还原活性增加了 C2［图 6-5（c）］的 F_{max}，而这一增加对 C4（类富里酸物质）与 FeCit 之间的氧化作用几乎没有影响。C2 F_{max} 的增加表明 MR-1 或类富里酸和类胡敏酸的降解释放出类蛋白物质，这些新产生的类蛋白物质在堆肥 DOM 中与 Fe(Ⅲ)的还原和络合能力弱于 C2（类蛋白物质）。DOM + FeCit + MR-1（混合）系统［图 6-5（b）］和 DOM（MR-1 还原）+ FeCit 系统［图 6-5(d)］中，C2 的 F_{max} 高于 DOM+FeCit 系统［图 6-5(a)］，低于 DOM + MR-1 系统［图 6-5（c）］。这些结果表明 Fe(Ⅲ)和环境中的微生物对 DOM 的结构都有重要的影响，从而影响 DOM 的氧化还原性质和地球化学行为。

6.5　DOM 组分变化对其 ETC 的影响

ETC 与堆肥 DOM 中各组分之间的相关性表明，C1 和 C3（类腐殖质物质）与本书作者以往研究中用电化学方法测定的堆肥 DOM 的 EDC 显著相关[16]。然而，C2（类蛋白物质）与堆肥 DOM 的 EDC 呈显著负相关（图 6-6）。结果表明，堆肥 DOM 中的类胡敏酸组分是主要的供电子组分，而类蛋白组分对供电子功能有负面影响。富里酸和胡敏酸已被证实具有 EDC，但结果显示堆肥 DOM 中的类富里酸组分对 EDC 有负面影响。结果表明，富里酸具有灵活的氧化还原特性，DOM 中的类富里酸组分表现出与纯富里酸不同的氧化还原特性，其潜在原因可能是萃取过程改变了富里酸的结构，导致其内部给电子基团的变化，进而影响其 EDC。与富里酸相比，胡敏酸更稳定，DOM 中的类胡敏酸组分显示出与纯胡敏酸相似的 EDC[4]。此外，胡敏酸的 EDC 高于相应的富里酸[14]，因此富里酸与 EDC 之间的相关性将弱于胡敏酸。与类富里酸和类胡敏酸组分相比，没有直接证据表明 DOM 中的类蛋白组分具有 ETC。堆肥中的类蛋白组分对堆肥中 DOM 的 EDC 有负面影响，这对进一步了解 DOM 的氧化还原特性具有重要意义。

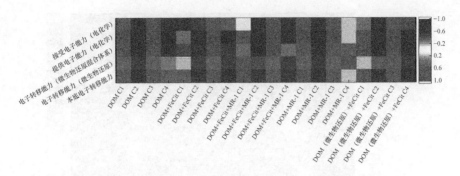

接受电子能力（电化学）
提供电子能力（电化学）
电子转移能力（微生物还原混合体系）
电子转移能力（微生物还原）
本底电子转移能力

图 6-6　五个系统中 ETC 与堆肥 DOM 组分之间的相关性
显著性相关水平：*$P<0.05$，**$P<0.01$

　　堆肥 DOM 的本底 ETC 与 DOM 和 FeCit 系统中的 C4（类富里酸物质）呈显著负相关，与 DOM、FeCit 和 MR-1 系统中的 C1（类胡敏酸物质）呈显著正相关（图 6-6）。这一发现进一步证实了类富里酸可被 Fe(Ⅲ)氧化并与 Fe(Ⅲ)结合，从而阻碍了其他组分与 Fe(Ⅲ)之间的电子转移。C1 为类胡敏酸，是堆肥 DOM 中的主要组分，起到电子穿梭的作用，促进 MR-1 与 Fe(Ⅲ)之间的电子传递，与堆肥 DOM 的 EDC 和本底 ETC 呈显著正相关。堆肥 DOM 的组分与 ETC 的相关性表明，堆肥 DOM 中的组分具有灵活的氧化还原功能，其中一些组分不仅能贡献电子，也能接受电子，其他组分只能贡献或接受电子。

　　四个反应体系中四个组分之间的相关性表明，C1（类胡敏酸物质）与 C2（类蛋白物质）呈显著负相关，C1 与 C3（类胡敏酸物质）呈显著正相关（图 6-7）。结果表明，堆肥 DOM 中所有类胡敏酸组分在堆肥过程中不但具有相似的变化，而且具有相近的氧化还原特性。C2（类蛋白物质）在堆肥过程中随 C1、C3（类胡敏酸物质）比例的增加而降低，有利于提高 DOM 的等电性。在含有 FeCit 的体系中，C4（类富里酸物质）与 C3（类胡敏酸物质）呈显著负相关，进一步表明类富里酸物质具有柔性氧化还原特性。在堆肥过程中，一些类富里酸的成分会转变成类胡敏酸的成分。

　　DOM 是环境中普遍存在的有机质，在地球元素循环中起着重要作用。DOM 在堆肥过程中氧化还原性质的变化对其在环境中的地球化学行为有重要影响。此外，堆肥 DOM 中的相似组分（类胡敏酸和富里酸）在堆肥过程中也表现出不同的氧化还原特性，证实了 DOM 的复杂性，进一步表明 DOM 组分的变化对其在稳定化过程中的性质有重要影响，对更好地理解 DOM 的地球化学行为具有重要意义。

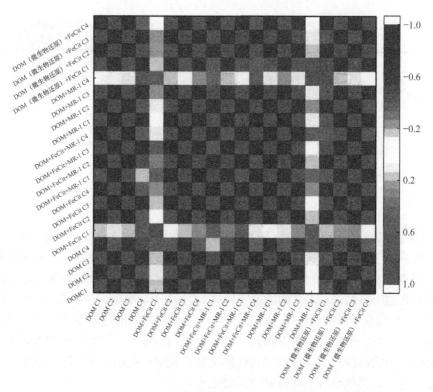

图 6-7　五个系统中堆肥 DOM 组分之间的相关性
显著性相关水平：*P<0.05，**P<0.01

6.6　小　结

堆肥 DOM 由类蛋白、类富里酸和类胡敏酸物质组成。在反应过程中，类蛋白和类富里酸组分被 Fe(Ⅲ)氧化，并与 Fe(Ⅲ)和 Fe(Ⅱ)络合。在堆肥过程中，堆肥 DOM 的本底和延续性 ETC 均增加。ETC 与 DOM 四个组分的相关性有显著差异。类胡敏酸组分是堆肥 DOM 的主要电子传递组分，而类蛋白组分和类富里酸组分具有负效应。

参 考 文 献

[1] Jie J, Andreas K. Kinetics of microbial and chemical reduction of humic substances: implications for electron shuttling. Environmental Science & Technology, 2008, 42: 3563-3569.

[2] Zhu W, Song Y, Adediran G A, et al. Mercury transformations in resuspended contaminated sediment controlled by redox conditions, chemical speciation and sources of organic matter. Geochimica Et Cosmochimica Acta, 2018, 220: 158-179.

[3] Gu B H, Chen J. Enhanced microbial reduction of Cr(VI) and U(VI) by different natural organic matter fractions. Geochimica Et Cosmochimica Acta, 2003, 67: 3575-3582.

[4] Yuan Y, Tan W B, He X S, et al. Heterogeneity of the electron exchange capacity of kitchen waste compost-derived humic acids based on fluorescence components. Analytical & Bioanalytical Chemistry, 2016, 408: 1-9.

[5] Yang C, He X S, Xi B D, et al. Characteristic study of dissolved organic matter for electron transfer capacity during initial landfill stage. Chinese Journal of Analytical Chemistry, 2016, 44: 1568-1574.

[6] He X S, Xi B D, Zhang Z Y, et al. Insight into the evolution, redox, and metal binding properties of dissolved organic matter from municipal solid wastes using two-dimensional correlation spectroscopy. Chemosphere, 2014, 117: 701-707.

[7] Xi B D, He X S, Wei Z M, et al. The composition and mercury complexation characteristics of dissolved organic matter in landfill leachates with different ages. Ecotoxicology & Environmental Safety, 2012, 86: 227-232.

[8] Ratasuk N, Nanny M A. Characterization and quantification of reversible redox sites in humic substances. Environmental Science & Technology, 2007, 41: 7844-7850.

[9] Yuan Y, Xi B D, He X S, et al. Compost-derived humic acids as regulators for reductive degradation of nitrobenzene. Journal of Hazardous Materials, 2017, 339: 378.

[10] Klüpfel L, Piepenbrock A, Kappler A, et al. Humic substances as fully regenerable electron acceptors in recurrently anoxic environments. Nature Geoscience, 2014, 7: 195-200.

[11] Stedmon C A, Bro R. Characterizing dissolved organic matter fluorescence with parallel factor analysis: a tutorial. Limnology & Oceanography Methods, 2008, 6: 572-579.

[12] Wu C Y, Zhuang L, Zhou S G, et al. *Corynebacterium humireducens* sp. nov., an alkaliphilic, humic acid-reducing bacterium isolated from a microbial fuel cell. International Journal of Systematic and Evolutionary Microbiology, 2011, 61(4): 882-887.

[13] Yu G H, Tang Z, Xu Y C, et al. Multiple fluorescence labeling and two dimensional FTIR-^{13}C NMR heterospectral correlation spectroscopy to characterize extracellular polymeric substances in biofilms produced during composting. Environmental Science & Technology, 2011, 45: 9224-9231.

[14] Aeschbacher M, Graf C, Schwarzenbach R P, et al. Antioxidant properties of humic substances. Environmental Science & Technology, 2012, 46: 4916.

[15] Zhao Y, Wei Y Q, Zhang Y, et al. Roles of composts in soil based on the assessment of humification degree of fulvic acids. Ecological Indicators, 2017, 72: 473-480.

[16] He X S, Xi B D, Pan H W, et al. Characterizing the heavy metal-complexing potential of fluorescent water-extractable organic matter from composted municipal solid wastes using fluorescence excitation-emission matrix spectra coupled with parallel factor analysis. Environmental Science & Pollution Research International, 2014, 21(13): 7973-7984.

[17] Cory R M, Mcknight D M. Fluorescence spectroscopy reveals ubiquitous presence of oxidized and reduced quinones in dissolved organic matter. Environmental Science & Technology, 2005, 39: 8142-8149.

第7章 堆肥过程有机质电子转移促进 重金属转化机制

7.1 堆肥 DOM 的电子转移能力

堆肥实验如 5.1 节所述，取第 0 天、7 天、14 天、21 天和 51 天的样品用于实验研究。

采用电化学的方法测量堆肥 DOM 的 ETC。如图 7-1 所示，DOM 的 EDC 为 3.29~40.14 μmol/g C，且堆肥过程 EDC 持续地增长。此外，堆肥 DOM 的 EAC 在 57.1~346.07 μmol/g C，显著高于 EDC，这个结果表明堆肥 DOM 呈现高的氧化态，这可能是由生活垃圾堆肥过程厌氧微生物的降解所致。堆肥 DOM 的 EAC 在第 0 天时最小，在堆肥过程中 DOM 的 EAC 整体呈现持续增长的趋势。

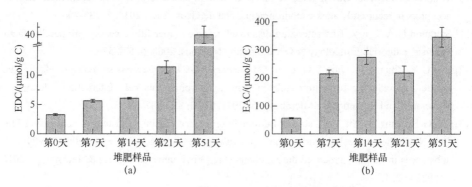

图 7-1 （a）+0.5V($vs.$ Hg/Hg$_2$Cl$_2$)电势下堆肥 DOM 的 EDC；
（b）−0.6V($vs.$ Hg/Hg$_2$Cl$_2$)电势下堆肥 DOM 的 EAC

7.2 DOM 的组成和结构演变及其对电子转移能力的影响

7.2.1 DOM 的组成及其对 ETC 的影响

荧光光谱常用来研究堆肥过程中 DOM 的组分和结构演变[1, 2]。如图 7-2 所示，通过平行因子分析法分离出的 3 个荧光组分，其最大 $\lambda_{ex}/\lambda_{em}$ 分别为(236 nm，315 nm)/395 nm、(255 nm，359 nm)/441 nm 和(225 nm，277 nm)/334 nm。C1[$\lambda_{ex}/\lambda_{em}$=

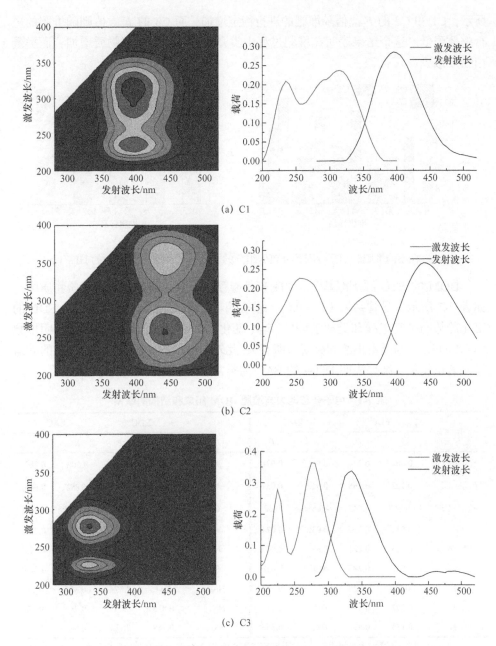

图 7-2　三维荧光-平行因子分析解析出的 3 个组分

(236 nm，315 nm)/395 nm] 和 C2 [$\lambda_{ex}/\lambda_{em}$=(255 nm，359 nm)/441 nm] 分别为类富里酸和类胡敏酸物质，而 C3 [$\lambda_{ex}/\lambda_{em}$=(225 nm，277 nm)/334 nm] 为类蛋白物质[3, 4]。计算了堆肥 DOM 的 3 个荧光组分的浓度（以 F_{max} 表示）。如图 7-3（a）

所示，C1 和 C2 的 F_{max} 值随堆肥的进行稳定增加，而 C3 的 F_{max} 值则随堆肥的进行整体降低。这个结果表明在堆肥过程中类富里酸和类胡敏酸物质增加，而类蛋白物质减少。

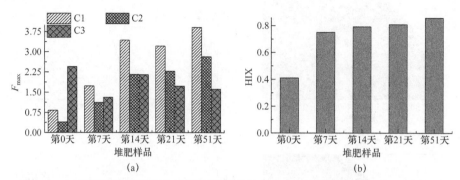

图 7-3　在不同堆肥时期平行因子分离的组分的 F_{max}（a）和堆肥 DOM 的 HIX（b）

DOM 的 ETC 源于醌基[5]，而醌基普遍存在于芳香结构上和腐殖质物质中。如表 7-1 所示，尽管结果（$P < 0.05$）没有明显的相关性，但是 DOM 的 EDC 的变化趋势与类富里酸和类胡敏酸的 F_{max} 变化趋势是一致的。这个结果表明堆肥 DOM 的 EDC 与类富里酸和类胡敏酸有关。此外，DOM 的 EAC 与 C1 和 C2 的 F_{max} 呈显著正相关，结果表明 DOM 的 EAC 与类富里酸和类胡敏酸有关。

表 7-1　电子转移能力与堆肥 DOM 组成和结构的联系

指标	EDC		EAC		指标	EDC		EAC	
	R	P	R	P		R	P	R	P
F_{max}（C1）	0.661	0.224	0.911*	0.031	A_4	0.144	0.818	0.602	0.283
F_{amx}（C2）	0.722	0.168	0.912*	0.031	A_5	−0.462	0.433	−0.882*	0.048
F_{max}（C3）	−0.367	0.543	−0.566	0.32	C	−0.891*	0.043	−0.677	0.209
HIX	0.532	0.356	0.932*	0.021	H	−0.959*	0.01	−0.734	0.158
$SUVA_{269}$	0.665	0.221	0.883*	0.047	N	0.596	0.289	0.673	0.213
S_R	−0.6	0.285	−0.917*	0.028	S	0.707	0.182	0.836	0.078
A_1	−0.058	0.926	−0.525	0.364	H/C	−0.515	0.374	−0.387	0.52
A_2	0.392	0.514	0.779	0.121	N/C	0.813	0.094	0.78	0.12
A_3	0.133	0.831	0.631	0.253	S/C	0.789	0.113	0.84	0.075

*：在 0.05 水平（双侧）上显著相关；A_1：固相 ^{13}C NMR 图谱中 0~45 ppm 区域的面积百分比；A_2：固相 ^{13}C NMR 图谱中 45~57 ppm 区域的面积百分比；A_3：固相 ^{13}C NMR 图谱中 57~110 ppm 区域的面积百分比；A_4：固相 ^{13}C NMR 图谱中 110~160 ppm 区域的面积百分比；A_5：固相 ^{13}C NMR 图谱中 160~220 ppm 区域的面积百分比。

为了进一步研究腐殖质的结构对 DOM 的 ETC 的影响，使用 HIX 对其进行解析。图 7-3（b）表示堆肥 DOM 的 HIX 值的变化，结果表明随堆肥的进行 DOM 的芳香化程度和腐殖化速率增加。此外，堆肥 DOM 的 HIX 与 EAC 呈显著正相关（表 7-1）。堆肥 DOM 的 EAC 与芳香化程度和腐殖化速率成正比。

SUVA$_{269}$ 值表示木质素降解产生的芳香碳（如酚类物质）水平。与 EAC 值类似，SUVA$_{269}$ 随堆肥的进行基本呈增加的趋势［图 7-4（a）］。这个结果表明 DOM 中源于木质素降解产生的芳香碳是增加的。此外，SUVA$_{269}$ 与 EAC 呈显著正相关（表 7-1），表明 DOM 的 EAC 与木质素降解产生的芳香碳有关。

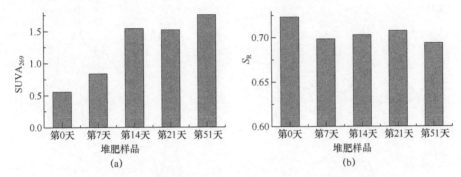

图 7-4　在不同堆肥阶段 DOM 的 SUVA$_{269}$（a）和 S_R（b）

根据 Hur 等[6]的报道，S_R 常用来研究 DOM 的分子量，S_R 值越小，DOM 的分子量越高。图 7-4（b）显示堆肥过程中 S_R 值有些波动（第 51 天减小），表明堆肥过程中 DOM 的分子量增加。S_R 与 DOM 的 EAC 呈显著负相关，表明堆肥 DOM 的 EAC 受其分子量的影响。

堆肥是有机质降解和腐殖化的过程，并且在此过程中木质素降解产生芳香碳，芳香碳能够进一步氧化成醌基，这些醌基与氨基酸交互作用形成类富里酸和类胡敏酸物质。因此，木质素降解生成的芳香碳，类富里酸和类胡敏酸物质，DOM 的芳香化聚合程度在堆肥过程呈上升的趋势，并且这些类富里酸和类胡敏酸物质与酚类物质或醌基有关。DOM 的醌基含量和分子量随堆肥的进行呈上升的趋势。这些醌基含量的变化与堆肥 DOM 的 ETC 增加有关。

7.2.2　DOM 的结构变化及其对 ETC 的影响

固相 ^{13}C NMR 能够揭示不同官能团的碳分布。图 7-5 和表 7-2 表示固相 ^{13}C NMR 图谱和不同类型碳分布。总体来说，堆肥 DOM 的 ^{13}C NMR 图谱能够根据不同的峰分离成 4 个区域：脂肪碳（0～45 ppm）、含氧脂肪碳（5～110 ppm）、芳香碳（110～160 ppm）和羧基、羰基碳（160～220 ppm）[7]。如图 7-5 所示，主要的峰分布在 21 ppm、23 ppm、62 ppm、72 ppm、102 ppm、130 ppm、175 ppm 和 182 ppm。根据 Qu 等[8]的报道，分布在 21 ppm 和 23 ppm 的分别为 CCH、CCH$_2$

和 CCH$_3$ 峰；在 62 ppm 和 72 ppm 的分别为 OC、OCH 和 OCH$_2$ 峰；在 102 ppm 的峰为异化 O—C—O 的峰；在 130 ppm 的为芳香不饱和碳峰[7]；在 175 ppm 和 182 ppm 的分别为 COO$^-$ 或 N—C=O 峰。

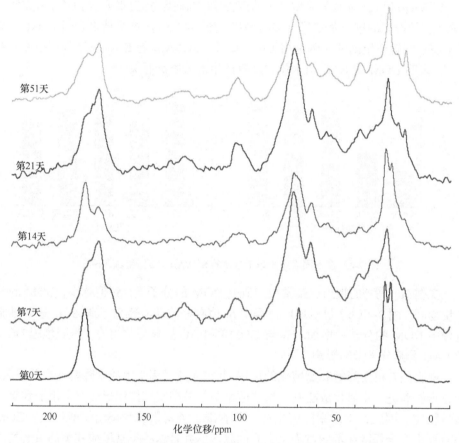

图 7-5　在不同堆肥阶段 DOM 的固相 ^{13}C NMR 图谱

如图 7-5 所示，没有堆肥处理的生活垃圾 DOM 的固相 ^{13}C NMR 图谱与生活垃圾堆肥 DOM 的明显不同，经过堆肥处理后 DOM 的光谱峰的数量明显增多，表明堆肥能够增加碳的种类。与未进行堆肥处理 DOM 样品（第 0 天）相比，堆肥后的 DOM 样品（第 14 天、第 21 天、第 51 天）呈现低脂肪碳和羧基/羰基碳浓度，高的含氧脂肪碳和芳香碳浓度（表 7-2）。

表 7-2　不同堆肥阶段 DOM 固相 ^{13}C NMR 图谱不同类型碳的分布百分比

堆肥时间/d	A_1/%	A_2/%	A_3/%	A_4/%	A_5/%
	R—C	O—CH$_3$	O—R	芳香碳	羧基/羰基碳
0	43.03	3.14	26.39	0.54	26.89

续表

堆肥时间/d	A_1/%	A_2/%	A_3/%	A_4/%	A_5/%
	R—C	O—CH_3	O—R	芳香碳	羧基/羰基碳
7	28.06	7.12	35.87	8.48	20.47
14	33.13	5.80	33.54	6.17	21.35
21	26.38	6.75	36.48	9.51	20.88
51	34.04	6.70	32.96	6.10	20.19

A_1：固相 ^{13}C NMR 图谱中 0～45 ppm 区域的面积百分比；A_2：固相 ^{13}C NMR 图谱中 45～57 ppm 区域的面积百分比；A_3：固相 ^{13}C NMR 图谱中 57～110 ppm 区域的面积百分比；A_4：固相 ^{13}C NMR 光谱中 110～160 ppm 区域的面积百分比；A_5：固相 ^{13}C NMR 光谱中 160～220 ppm 区域的面积百分比。由于四舍五入原因部分行数据相加不等于100%。R：烃基

如表 7-1 所示，堆肥 DOM 的 EAC 与羧基/羰基碳呈显著负相关，堆肥 DOM 的 ETC 与 110～160 ppm 位置峰无关联，这可能是由于一些不饱和碳（如烯烃）在 110～160 ppm 呈现相同的吸收带。

7.2.3　DOM 的元素组成及其对 ETC 的影响

表 7-3 为不同堆肥阶段 DOM 的元素组成。堆肥 51 天以后 C 和 H 的浓度呈现轻微的降低，而 N 和 S 的含量增长稳定且明显。Droussi 等[9]的研究表明，在工厂化的堆肥过程中胡敏酸的 C 和 H 的含量减少，而 N 和 H 的含量增加，这与本节研究 DOM 的元素变化是一致的。元素含量比能够提供关于 DOM 分子组成的重要信息。如表 7-3 所示，DOM 的 H/C 含量比在 1.779～2.077。Kang 等[10]的研究表明，胡敏酸的 H/C 含量比在 1.0 左右，这个结果表明其芳香化程度显著。然而，本节研究得出相对较高的 H/C 含量比（>1.7）表明堆肥 DOM 含有脂肪族官能团。尽管 H/C 含量比在堆肥过程中有波动，但是整体呈下降的趋势。此外，堆肥过程中 N/C 含量比稳定增加，这与堆肥有机氮的增加有关，在以前的研究中堆肥渗滤液的有机氮浓度占总有机氮浓度的 60%。与 N/C 含量比类似，第 51 天堆肥样品的 S/C 含量比增加，表明含氮有机质降解速率低于含碳有机质降解速率。此外，含氮有机质的迅速降解也是 S/C 含量比增长的原因。

表 7-3　不同堆肥阶段 DOM 的元素组成

堆肥时间/d	含量/%				含量比		
	C	H	N	S	H/C	N/C	S/C
0	28.8 ± 0.085	4.64 ± 0.04	1.97 ± 0.01	1.06 ± 0.027	1.933 ± 0.022	0.059 ± 0	0.014 ± 0
7	26.96 ± 0.156	4.67 ± 0.035	2.12 ± 0.015	2.83 ± 0.035	2.077 ± 0.004	0.068 ± 0.001	0.039 ± 0.001
14	28.67 ± 0.255	4.46 ± 0.027	2.59 ± 0.063	1.95 ± 0.081	1.868 ± 0.005	0.077 ± 0.001	0.026 ± 0.001
21	28.48 ± 0.071	4.22 ± 0.041	3.21 ± 0.004	2.41 ± 0.03	1.779 ± 0.013	0.097 ± 0	0.032 ± 0
51	24.57 ± 0.24	3.70 ± 0.049	3.00 ± 0.04	3.27 ± 0.011	1.806 ± 0.007	0.105 ± 0	0.050 ± 0.001

如表 7-1 所示，DOM 的 ETC 与 DOM 的元素组成密切相关。C 和 H 的含量与 DOM 的 EDC 呈显著负相关。尽管 C 和 H 的含量与 EAC 没有明显的相关性，但是二者呈相反的变化趋势。这个结果表明 DOM 的 C 和 H 的含量降低，其 ETC 增加。同时，其他元素如 S 和 N 能够提供高的 ETC。此外，堆肥 DOM 的 EDC 与 N 和 S 含量，N/C 含量比和 S/C 含量比的变化趋势是一致的。DOM 的 EAC 与 N 和 S 含量，N/C 含量比和 S/C 含量比呈相同的变化趋势。这个结果表明 N 和 S 的含量增加能够提高 DOM 的 ETC。这与 Maurer 等[11]研究发现的含氮含硫部分能够影响 DOM 的 ETC 的观点是一致的。

7.2.4 DOM 的 ETC 和组分变化及其对重金属形态的影响

分析堆肥样品的 Cr、Mn、Cu、Zn 和 Ni 的浓度。如表 7-4 所示，堆肥第 0 天样品中 Cr 和 Mn 的浓度分别为 0.89 mg/L 和 2.82 mg/L，并且堆肥第 51 天样品中两种重金属含量分别为 0.01 mg/L 和 1.11 mg/L。此外，堆肥渗滤液中 Cu 和 Zn 的浓度分别为 0.42～2.22 mg/L 和 1.89～5.96 mg/L，并且在堆肥过程中呈现增加的趋势。Ni 的浓度为 0.46～0.95 mg/L，并且在堆肥过程中没有明显的变化趋势。这个结果表明堆肥过程中水溶性的 Mn 和 Cr 浓度降低，而水溶性的 Cu 和 Zn 浓度增加。

表 7-4　堆肥提取物中重金属浓度和 DOM 的浓度

堆肥时间/d	重金属浓度/(mg/L)					DOM 浓度/(mg/L)	重金属浓度/(mg/g C)				
	Cr	Mn	Cu	Zn	Ni		Cr	Mn	Cu	Zn	Ni
0	0.89	2.82	0.42	1.89	0.56	4156.5	0.21	0.68	0.1	0.45	0.13
7	0.62	1.23	0.64	2.84	0.555	1199.5	0.51	1.02	0.53	2.36	0.46
14	0.43	1.07	0.87	3.67	0.95	1223.5	0.35	0.87	0.71	3	0.77
21	0.16	0.92	1.61	2.72	0.46	1223	0.13	0.75	1.32	2.22	0.37
51	0.01	1.11	2.22	5.96	0.65	1160	0.01	0.96	1.91	5.14	0.56

在本节研究中，为了研究 ETC 和有机质对重金属的形态影响，对上述重金属的浓度进行归一化处理（除以有机质浓度），结果如表 7-4 所示。分析 Cr、Mn、Cu 和 Zn 浓度与 ETC 和堆肥 DOM 的 F_{max} 值的关系。DOM 的 EDC 与 Cr 的浓度呈负相关，但是与 Mn 的浓度呈正相关（表 7-5）。一般高价态的铬如 Cr(VI)为溶解态，而低价态的铬如 Cr(III)为非溶解态。堆肥过程中 DOM 的 EDC 是增加的，因此能够促进 Cr(VI)的还原且减小堆肥样品中溶解态 Cr 的浓度。这与 Zhilin 等研究发现泥煤胡敏酸能够还原 Cr(VI)的结论是一致的[12]。此外，高价态的 Mn 分为非溶解态的 Mn(IV)和溶解态的 Mn(VII)，而低价态的 Mn 如 Mn(II)是溶解态的。

表 7-5　堆肥 DOM 重金属浓度与 ETC 及组成的相关性分析

		EDC	EAC	C1	C2	C3
Cr	R	−0.854	−0.381	−0.386	−0.421	−0.126
	P	0.065	0.527	0.522	0.481	0.84
Mn	R	0.852	0.801	0.551	0.591	−0.608
	P	0.067	0.103	0.336	0.294	0.277
Cu	R	0.891*	0.825	0.86	0.916*	−0.494
	P	0.042	0.086	0.061	0.029	0.398
Zn	R	0.865	0.964**	0.851	0.869	−0.524
	P	0.059	0.008	0.068	0.056	0.365
Ni	R	0.267	0.824	0.75	0.682	−0.275
	P	0.664	0.086	0.144	0.205	0.654

注：显示显著性水平*$P < 0.05$，**$P < 0.01$；C1：类富里酸物质；C2：类胡敏酸物质；C3：类蛋白物质。

如图 7-1（a）和表 7-4 所示，堆肥过程 EDC 的增加能够促进 Mn(Ⅳ)和 Mn(Ⅶ) 的还原，因此堆肥样品水溶态的 Mn 是增加的。堆肥 DOM 的 EDC 与 Cu 呈现显著正相关（$P < 0.05$），而与 Zn 呈非显著相关（$P < 0.1$）。EAC 与 Cu 呈非显著相关（$P < 0.1$），与 Zn 呈显著相关（$P < 0.01$）。尽管 Ni 与堆肥 DOM 的 EAC 没有明显相关，但是 Ni 的浓度变化趋势与 EAC 是一致的。这个结果表明，堆肥过程中 DOM 的 EDC 和 EAC 与 Cu、Zn 和 Ni 的浓度变化是一致的。

如表 7-5 所示，Cu 与类富里酸物质呈现正相关，并且 Zn 与类富里酸和类胡敏酸物质呈现正相关。此外，Cr 和 Mn 与类胡敏酸物质和类富里酸物质没有关联。通常来说，Cu 和 Zn 以二价态的形式（Cu^{2+} 和 Zn^{2+}）存在于堆肥 DOM 中，而 Cr 和 Mn 以 CrO_4^{2-} 和 MnO_4^{2-} 形式存在于堆肥 DOM 中。由于大部分有机质带负电，其容易与二价阳离子结合，而不容易与阴离子结合。因此可以认为在堆肥 DOM 中 Cu 和 Zn 与类富里酸物质和类胡敏酸物质结合。

有机质能够影响重金属的形态和可利用性。一方面，在土壤中有机质能够通过吸附或形成与重金属结合的稳定化合物，减少能够迁移的部分，进而降低其生物可利用性。另一方面，有机质能够形成螯合物，进而增强植物对重金属的利用性[13, 14]。在堆肥过程中 DOM 的分子量持续增加，从而阻碍微生物对 DOM 的利用。因此，堆肥 DOM 对 Cu 和 Zn 的结合导致微生物减少对 Cu 和 Zn 的利用。

7.2.5　DOM 化学组成对其还原性能及络合性能的影响

各官能团对 DOM 组分的 EDC、EAC 和络合金属能力的影响仍不清楚，本节将从各官能团对其氧化还原能力和络合金属能力方面进行研究。在 SF 中，波段在 250～308 nm、308～363 nm 和 363～595 nm 处分别对应为类蛋白荧光（PLF）、类富里酸荧光（FLF）和类胡敏酸荧光（HLF）[1, 6]。如表 7-6 所示，PLF 与 EDC、EAC 和重金属含量不存在显著正相关，说明 DOM 中的类蛋白组分官能团中 CCH₃ 和 N—C＝O 对其 EDC、EAC 和络合重金属能力的影响不大。此外，FLF、HLF 与 EAC 呈显著正相关（$P < 0.05$），说明 DOM 的氧化能力主要与类富里酸和类胡敏酸有关。EAC 主要由芳香结构、羧酸官能团、氨基化合物及铁矿物决定。类富里酸和类胡敏酸物质中的官能团有 CH₃、CCH₂、CCH、OCH、OCH₃、O—C—O、芳香碳和 COO⁻。因此，生活垃圾提取 DOM 的氧化能力主要由芳香碳和 COO⁻ 贡献。由表 7-6 还可发现，FLF、HLF 与 Cu、Zn 含量呈显著正相关（$P < 0.05$），表明重金属 Cu、Zn 易与类富里酸和类胡敏酸中含氧官能团如 COO⁻、O—C—O 结合。而 FLF、HLF 与 Cr、Mn、Ni 含量并未呈现较好相关性。以上结果说明，官能团 COO⁻ 和 O—C—O 对重金属 Cr、Mn、Ni 的络合能力较差。

表 7-6　不同参数间相关性（$n=5$）

		EDC	EAC	Cu	Zn	Cr	Mn	Ni
PLF	R	−0.6	−0.8	−0.9	−0.8	0.1	−0.6	−0.6
	P	0.3	0.07	0.1	0.1	0.9	0.3	0.3
FLF	R	0.8	0.9**	0.9*	0.9*	−0.4	0.8	0.7
	P	0.1	0.01	0.02	0.02	0.5	0.1	0.2
HLF	R	0.8	0.9*	0.9*	0.9*	−0.4	0.8	0.6
	P	0.1	0.01	0.03	0.02	0.5	0.1	0.3

注：显示显著性水平*$P < 0.05$，**$P < 0.01$。

堆肥处理后生活垃圾的氧化能力及其与 Cu、Zn 的络合能力主要由类富里酸和类胡敏酸贡献。本书作者之前的研究表明，在堆肥过程中类富里酸和类胡敏酸物质含量逐渐增加[1]。因此，堆肥后期的腐熟产品具有较高的络合金属能力，对 Cu 和 Zn 污染的土壤将具有一定修复能力。

7.3　小　　结

堆肥过程中堆肥 DOM 的 EAC、EDC、类富里酸和类胡敏酸物质的浓度、含氧脂肪碳的浓度、源于木质素降解产生的芳香碳含量、分子量、N 和 S 的浓度稳定增加，而脂肪碳含量和 C、H 的含量下降。这种转变增强了 DOM 的 EDC 和 EAC，但是由于络合作用，Cu 和 Zn 自由态的浓度降低。

参 考 文 献

[1] He X S, Xi B D, Wei Z M, et al. Spectroscopic characterization of water extractable organic

matter during composting of municipal solid waste. Chemosphere, 2011, 82: 541-548.

[2] Marhuenda-Egea F C, Martínez-Sabater E, Jordá J, et al. Dissolved organic matter fractions formed during composting of winery and distillery residues: evaluation of the process by fluorescence excitation-emission matrix. Chemosphere, 2007, 68: 301-309.

[3] Stedmon C A, Bro R. Characterizing dissolved organic matter fluorescence with parallel factor analysis: a tutorial. Limnology & Oceanography Methods, 2008, 6: 572-579.

[4] Wu J, Zhang H, He P J, et al. Insight into the heavy metal binding potential of dissolved organic matter in MSW leachate using EEM quenching combined with PARAFAC analysis. Water Research, 2011, 45: 1711-1719.

[5] Scott D T, McKnight D M, Blunt-Harris E L, et al. Quinone moieties act as electron acceptors in the reduction of humic substances by humics-reducing microorganisms. Environmental Science & Technology, 1998, 32(19): 2984-2989.

[6] Hur J, Lee D H, Shin H S. Comparison of the structural, spectroscopic and phenanthrene binding characteristics of humic acids from soils and lake sediments. Organic Geochemistry, 2009, 40(10):1091-1099.

[7] Chai X L, Takayuki S, Cao X Y, et al. Spectroscopic studies of the progress of humification processes in humic substances extracted from refuse in a landfill. Chemosphere, 2007, 69: 1446-1453.

[8] Qu X X, Li X, Ying L, et al. Quantitative and qualitative characteristics of dissolved organic matter from eight dominant aquatic macrophytes in Lake Dianchi, China. Environmental Science & Pollution Research International, 2013, 20: 7413-7423.

[9] Droussi Z, D'Orazio V, Hafidi M, et al. Elemental and spectroscopic characterization of humic-acid-like compounds during composting of olive mill by-products. Journal of Hazardous Materials, 2009, 163: 1289-1297.

[10] Kang K H, Shin H S, Park H. Characterization of humic substances present in landfill leachates with different landfill ages and its implications. Water Research, 2002, 36: 4023-4032.

[11] Maurer F, Christl I, Kretzschmar R. Reduction and reoxidation of humic acid: influence on spectroscopic properties and proton binding. Environmental Science & Technology, 2010, 44(15): 5787-5792.

[12] Zhilin D M, Schmitt-Kopplin P, Perminova I V. Reduction of Cr (VI) by peat and coal humic substances. Environmental chemistry letters, 2004, 2(3): 141-145.

[13] Livens F R. Chemical reactions of metals with humic material. Environmental Pollution, 1991, 70(3): 183-208.

[14] Tao J, Wei S Q, Flanagan D C, et al. Effect of abiotic factors on the mercury reduction process by humic acids in aqueous systems. Pedosphere, 2014, 24: 125-136.

第 8 章　堆肥有机质影响重金属生物毒性机制

8.1　堆肥设计和取样方法

堆肥实验如 5.1 节所述，取第 0 天、7 天、14 天、21 天、28 天、51 天及 90 天的样品，分别标记为 C0、C7、C14、C21、C28、C51 和 C90。

8.2　堆肥过程中理化参数

堆肥过程中的物化参数变化如表 8-1 所示。温度是反映堆肥进程的重要指标，堆体温度持续上升 14 天，第 21 天达到最高温度，为 66.2 ℃。pH 不仅影响微生物活性，还影响金属溶液的化学特性[1]。此外，由于微生物利用有机酸和氨化过程产生 NH_4^+-N，导致堆体前 7 天的 pH 不断增加[2]，pH 在第 28 天之后达到稳定水平（8.3～8.5）。随着堆肥过程中可降解有机质的矿化和腐殖化，OM、DOM、碳氮比（C/N）和含水率稳定降低。NH_4^+-N 在堆肥初期由于氨化作用而增加，在堆肥第 14 天达到峰值，21 天后其含量显著下降，这是由于堆体的高温导致大量 NH_4^+-N 以氨气的形式排出和硝化作用使部分 NH_4^+-N 转化为 NO_3^--N。NO_3^--N 在堆肥的前 21 天有轻微的下降，然后显著增加到 198.9 mg/L，这是堆肥的成熟期微生物硝化作用的结果。在堆肥过程中 Cl⁻浓度增加了 92%左右，这可能是由于堆肥过程中 Cl⁻的比例逐渐增加，而堆肥总质量不断下降。在第 0 天堆肥样品中检测到大量的 SO_4^{2-}，在第 7 天时急剧下降，之后 SO_4^{2-} 的含量基本保持不变，这是由于厌氧条件促进了 SO_4^{2-} 向挥发性 H_2S 的转化[3]。

表 8-1　堆肥过程中 DOM 的理化特性（$n=3$）

样品	温度/℃	pH	OM /(mg/L)	DOM /(g/kg)	WSN /(g/kg)	含水率/%	NH_4^+-N /(mg/L)	NO_3^--N /(mg/L)	C/N	Cl⁻ /(mg/L)	SO_4^{2-} /(mg/L)
C0	38.1 (0.3)	7.81 (0.03)	52.7 (0.1)	39.6 (0.6)	1.5 (0.03)	68.5 (2.4)	2102.2 (20.8)	49.8 (2.3)	25.6 (1.02)	521.2 (10.2)	165.2 (7.8)
C7	42.2 (0.4)	8.2 (0.06)	49.5 (0.2)	14.1 (0.8)	1.0 (0.02)	59.5 (1.5)	2632.6 (40.5)	41.9 (1.7)	23.9 (1.23)	540.6 (8.9)	58.6 (3.9)
C14	51.2 (0.2)	7.9 (0.03)	44.2 (0.1)	12.9 (0.3)	1.4 (0.03)	57.4 (1.2)	3082.6 (19.6)	43.0 (1.6)	20.3 (1.32)	716.1 (7.9)	61.6 (6.2)

续表

样品	温度/℃	pH	OM /(mg/L)	DOM /(g/kg)	WSN /(g/kg)	含水率/%	NH_4^+-N /(mg/L)	NO_3^--N /(mg/L)	C/N	Cl^- /(mg/L)	SO_4^{2-} /(mg/L)
C21	66.2 (0.2)	8.2 (0.04)	43.2 (1.2)	12.7 (0.1)	1.7 (0.06)	57.3 (0.5)	1562.5 (7.9)	35.9 (5.8)	18.9 (0.54)	778.2 (8.7)	65.3 (3.0)
C28	57.8 (0.5)	8.3 (0.08)	42.2 (0.1)	13.3 (0.2)	1.3 (0.07)	54.4 (1.1)	1126.4 (6.8)	65.6 (3.2)	16.8 (0.78)	694.5 (10.3)	64.4 (4.9)
C51	40.7 (0.2)	8.3 (0.05)	41.9 (0.2)	12.8 (0.1)	1.1 (0.04)	27.6 (2.6)	379.4 (3.2)	157.9 (1.4)	15.3 (1.23)	770.3 (3.6)	68.1 (5.9)
C90	36.4 (0.3)	8.5 (0.03)	40.4 (0.1)	11.7 (0.1)	1.0 (0.05)	25.5 (3.7)	346.1 (7.6)	198.9 (5.9)	15.0 (0.98)	1000.6 (20.8)	65.3 (5.0)

注：括号内数据为标准偏差。WSN 代表水溶氮。

8.3　植物毒性主要影响因素的鉴定

13 种水溶性金属离子（WSMs）浓度在 90 天堆肥过程中的变化如表 8-2 所示。在堆肥初期，Fe 和 Mn 氧化物的迅速生成导致 Fe、Mn 含量显著降低。堆肥提供了多种官能团，为 WSMs 提供了结合位点，使其形成低溶解性和迁移性的混合物，从而降低了堆肥过程中的植物毒性。然而，这些 WSMs 的运动不仅依赖于有机质的化学特性，还依赖于特定的微生物种类。相反，Ni、Zn 和 Mg 含量在堆肥过程中均有轻微的增加，这说明堆肥过程能分解这些不溶性金属离子化合物，从而使 Cu、Ni、Zn 和 Mg 成为可溶性物质。

表 8-2　堆肥过程中水溶有机质 WSMs 和 GI 变化

指标	C0	C7	C14	C21	C28	C51	C90
As/(μg/L)	39.6 (0.03)	35.7 (0.06)	55.8 (0.05)	61.1 (0.06)	47.6 (0.07)	44.4 (0.09)	43.6 (0.05)
Cd/(μg/L)	0.98 (0.01)	1.2 (0.02)	0.77 (0.08)	0.69 (0.04)	0.53 (0.05)	0.94 (0.09)	1.1 (0.04)
Cr/(μg/L)	42.2 (1.34)	25.5 (0.73)	31.9 (0.50)	26.6 (0.39)	27.9 (0.28)	17.5 (0.63)	11.3 (0.36)
Pb/(μg/L)	4.1 (0.2)	5.6 (0.17)	6.3 (0.48)	15.8 (0.65)	16.7 (0.72)	6.4 (0.48)	8.2 (0.39)
Hg/(μg/L)	4.2 (0.37)	4.3 (0.58)	4.7 (0.02)	5.1 (0.26)	4.4 (0.52)	4.5 (0.38)	4.5 (0.27)
Na/(mg/L)	335.2 (1.3)	337.3 (2.8)	395.6 (5.9)	453.4 (2.5)	361.7 (1.7)	420.4 (1.5)	456.3 (1.8)
Mg/(mg/L)	83.2 (0.6)	8.7 (0.5)	7.8 (0.4)	8.2 (0.6)	5.7 (0.1)	6.9 (0.3)	7.1 (0.4)
K/(mg/L)	151.5 (2.6)	116.4 (3.8)	136.2 (1.9)	154.3 (2.4)	131.2 (2.9)	148.5 (3.7)	149.3 (3.9)
Cu/(mg/L)	4.09 (0.25)	3.95 (0.06)	3.93 (0.18)	0.01 (0.004)	0.01 (0.002)	0.01 (0.003)	0.01 (0.002)
Ni/(mg/L)	1.42 (0.06)	0.12 (0.07)	0.14 (0.02)	0.14 (0.01)	0.13 (0.02)	0.15 (0.02)	0.12 (0.03)
Zn/(mg/L)	4.82 (0.03)	0.006	0.006	0.006	0.02 (0.015)	0.006	0.006

续表

指标	C0	C7	C14	C21	C28	C51	C90
Mn/(mg/L)	463.3（10.3）	0.001	0.001	0.001	0.001	0.001	0.001
Fe/(mg/L)	521.9（20.3）	2.9（0.5）	1.6（0.7）	1.4（0.5）	0.8（0.2）	0.8（0.2）	1.2（0.1）
GI/%	10.6（1.8）	9.73（0.09）	23.6（1.3）	50.2（4.6）	36.3（6.5）	80.5（1.5）	85.4（0.9）

注：括号内数据为标准偏差。GI 代表发芽指数。

GI 是评价堆肥过程中植物毒性的有效参数[4, 5]。如表 8-2 所示，堆肥过程中植物毒性逐渐降低，C0 的 GI 值最低（10.6%），对种子萌发的抑制作用可能与DOM 的特性有关[6, 7]。堆肥第 21 天，GI 显著增加，达到 50.2%，表明堆肥在嗜热阶段，植物毒性的降低速率最大。随着堆肥的进行，C51 的 GI 达到 80.5%，表明堆肥产品已达到腐熟并对植物无毒的水平。

水提物对种子萌发的抑制作用可能与多种因素有关，其中 WSMs 是抑制种子萌发的重要因素[8]。本节研究采用 Pearson 相关系数对影响 GI 的有利因素和有害因素进行了识别。如图 8-1 所示，K、Na 与 GI 之间的相关性较弱，表明 K 和 Na对种子萌发没有明显的影响。Mg、Cu、Ni、Zn 与 GI 呈显著正相关。部分 WSMs对植物的生长是必要的，它们可以为植物生长提供重要的辅助因子和基本元素[8, 9]。而 As、Hg、Cd、Pb、Fe 和 Mn 与 GI 呈显著负相关（$P < 0.05$）。As、Hg、Cd、Pb 对种子萌发有明显的延迟作用，降低这些金属元素的含量可以使植物毒性降到最低。本节研究的另一个目的是确定 DOM 在堆肥过程中对所选 WSMs 产生影响的重要因素。

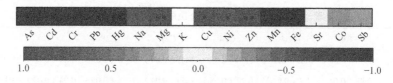

图 8-1　WSMs 对堆肥过程中植物毒性的影响

显示显著性水平：*$P < 0.05$，**$P < 0.01$

8.4　堆肥过程中水溶性金属离子分布的影响因素

8.4.1　理化参数

堆肥过程中温度、pH、有机质含量、硫酸盐和氢氧化物等理化参数直接影响WSMs 的分布和植物利用度[4, 10]。为了确定哪些理化参数可能影响 WSMs 的变化和分布，提高堆肥的成熟度和稳定性，在理化参数与 WSMs 之间进行冗余分析

（RDA）。前两个典型轴分别占主要 WSMs 的 67.5%和 13.5%。正向选择表明，pH、SO_4^{2-} 和 OM（$P < 0.05$）是直接驱动 WSMs 变化的主要参数。从图 8-2（a）可以看出，OM 与 Cr、As 和 Cd 呈正相关，说明这些金属在这些参数下倾向于形成稳定的有机质。此外，SO_4^{2-} 与 Mn、Fe 和 Hg 呈正相关，表明这些金属最可能以无机硫络合物和自由离子的形式存在[11]。如图 8-2（a）所示，pH 与 Mg、Ni、Cu 和 Zn 呈正相关，与 Cr、As、Cd、Mn、Fe、Hg 和 Pb 呈负相关，表明 pH 升高可以减少 Cr、As、Cd、Mn、Fe、Hg 和 Pb 的迁移，同时提高 Mg、Ni、Cu 和 Zn 的溶解度。在弱碱性条件下，氢离子会络合金属离子进行沉淀。因此，pH 可能间接影响 Mg、Ni、Cu 和 Zn 的溶解度。

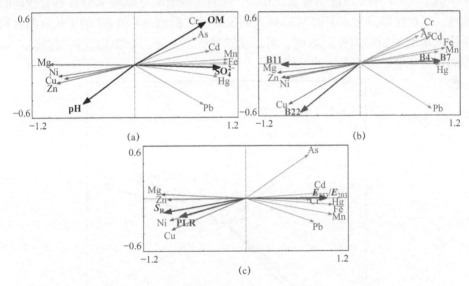

图 8-2　堆肥过程中 DOM 与显著理化指标（$P < 0.05$）（a）、功能菌群（$P < 0.05$）
（b）、DOM 结构（$P < 0.05$）（c）的相关性冗余分析

8.4.2　微生物

在堆肥过程中，WSMs 可以明显改变细菌群落的分布及活性[9]。此外，微生物群落结构可能反映了金属的浓度，个体微生物要想在适宜的条件下存活，就必须耐受生存环境中的金属[12]。因此，在本节研究中，RDA 用来分析在堆肥过程中显著决定 WSMs 浓度和分布的个体物种（图 8-3）。所有典型轴均极显著（$P < 0.05$），说明细菌群落的变化是导致 WSMs 变化的主要因素。前两个典型轴解释的物种变化率分别为 43.3%和 48.0%。在堆肥过程中检测到的 31 个菌种中（样品 16S rDNA 序列分析详见表 4-2），4 个菌种的变化与所选 WSMs 的变化有显著相关性（$P < 0.05$），用这 4 个关键菌种解释了所有典型特征值的总和，占 63.5%。此外，

还应用变异分割分析方法，分析结果表明，B4、B7 和 B11 在这些细菌中所占比例最高，分别为 28.5%、39.3%和 41.8%。

分析关键菌种与所选 WSMs 的关系［图 8-2（b）］，B11（*Flavobacterium* sp.）和 B22（*parapedobacter composti*）（表 4-2）与 Mg、Cu、Zn、Ni 呈正相关。在一定浓度下，Fe、Mn、Zn 和 Ni 对这些细菌是必需的，因为它们为金属蛋白和酶提供了重要的辅因子[9]。此外 B11 与 Pb、Cr 和 Hg 呈负相关，说明 B11 对 WSMs 有抑制作用。已有研究报道黄杆菌分泌的黄曲霉毒素对 Cu^{2+}、Zn^{2+}、Ni^{2+}等微量金属离子具有抗性[13]。短杆菌对重金属也有一定的生物吸附能力[14]。因此，这些细菌吸收或螯合金属形成复合物的代谢产物可能导致 WSMs 的减少。此外，B4、B7 与 Cr、Cd、As 和 Hg 呈显著正相关，说明这些细菌可能对 WSMs 具有较高的抗性，其抗性基因与丰富的 WSMs 共同发育[15]，抑制 B4 和 B7 的生长可能有利于降低堆肥的植物毒性。因此，可以从这些关系推导出微生物代谢对降低不同WSMs 诱导堆肥植物毒性的可能途径。

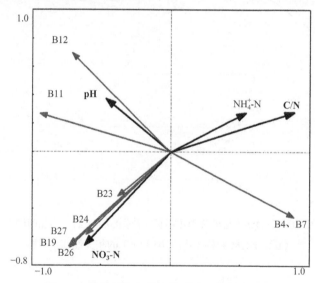

图 8-3　理化参数与微生物群落的相关性分析

8.4.3　DOM 化学结构

由于 DOM 的化学结构会影响堆肥过程中金属的结合能力，因此进行了 RDA，以便更好地了解堆肥过程中与 WSMs 去除相关的 DOM 结构特征。第一个规范轴解释了 WSMs 中 96%的变化。正向选择结果表明，PLR（$P = 0.044$）、E_{253}/E_{203}（$P = 0.022$）、S_R（$P = 0.010$）是影响 WSMs 分布的主要结构特征。采用 RDA 方法确定了 DOM 与 WSMs 结构特征之间的关系［图 8-2（c）］。Cu、Mg、Ni 和 Zn与 E_{253}/E_{203} 呈负相关，与 PLR 和 S_R 呈正相关，表明这些 WSMs 更可能与分子量较低的类蛋白物质结合。许多存在于分子量较低的氨基酸中的反应基团具有较高的金属结合能力，并被认为能形成可溶性、流动性和生物可利用性更高的金属配合物。Fe、Mn、Cr、Cd、Pb、Hg 和 As 与 PLR、S_R 呈负相关，与 E_{253}/E_{203} 呈正相关。结果表明，在堆肥过程中，As、Hg、Cd、Pb、Fe 和 Mn 易通过—COOH、酚羟基与类腐殖质物质结合，形成不溶性金属-腐殖质复合物，从而降低堆肥的植物毒性[16]。

在堆肥过程中，各种微生物促进了大分子和芳香族化合物与类蛋白物质的降解。因此，与大分子和芳香族化合物相关的微生物群落必然对植物毒性产生影响。如图 8-4 所示，9 种细菌与 DOM 结构的变化具有显著的相关性。B4、B7 与 PLR、S_R 呈正相关，与 E_{253}/E_{203} 呈负相关；而 B11、B19、B20、B23、B24、B26、B27 则呈现相反的相关性。这一结果表明，在堆肥过程中，DOM 促进 B11、B19、B20、B23、B24、B26 和 B27 的生长，同时抑制 B4 和 B7 的生长，从而可能促进大分子物质和含氧官能团的形成，进而降低植物毒性。

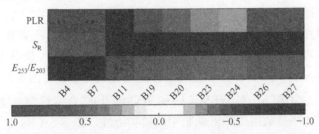

图 8-4　堆肥过程中细菌群落与 DOM 结构的显著相关矩阵

显示显著性水平 $*P < 0.05$, $**P < 0.01$

8.5　理化参数与关键菌群的关系

WSMs 的浓度和有效性还取决于微生物群落对 DOM 结构的响应。因此，通过对所选菌种的改良，可以降低 WSMs 的含量。一些环境参数对堆肥过程中微生物群落的变化有显著影响[17-19]。RDA 被用来识别影响功能性细菌群落的重要理化参数（图 8-3），前两个标准轴分别解释了 WSMs 分布变化的 11.7% 和 9.2%。正向选择表明，包括 C/N 在内的 5 个理化参数解释了 43.0%（$P = 0.012$），NO_3^--N 解释了 35.7%（$P = 0.012$），pH 解释了 35.6%（$P = 0.012$）。pH 与 B11、B22 呈正相关，与 WSMs(Ⅱ)（As、Cd、Hg、Cr、Fe、Mn 和 Pb）呈正相关。pH 与 B4 和 B7 呈负相关。结果表明，在堆肥过程中，WSMs(Ⅱ)可以在一定范围内提高土壤酸碱度，促进微生物的生长。B19、B23、B24、B26 和 B27 与 NO_3^--N 呈正相关，而与 NH_4^+-N 和 C/N 呈负相关。总之，这些细菌种类与含氧官能团和大分子物质显著相关。如图 8-4 所示，B19、B23、B24、B26 和 B27 在堆肥成熟期出现。因此，根据垃圾堆肥过程中 NO_3^--N、NH_4^+-N 和 C/N 的含量变化（表 8-1）可知，在堆肥成熟期前增加 NO_3^--N（150～200 mg/L），同时减少 NH_4^+-N（350～400 mg/L）和 C/N（15～17），可能会促进这些细菌物种的生长，促进含氧官能团和大分子物质的形成，从而降低堆肥过程中的植物毒性。

8.6　堆肥过程中影响植物毒性的关键因素

堆肥的稳定性和腐熟度对土壤修复有较多有益的影响[20]。因此，降低堆肥过程中的植物毒性对环境影响很大。堆肥系统的植物毒性直接受 WSMs 变化的影响。采用 RDA 方法研究了理化参数、细菌群落和 DOM 结构对 WSMs 的影响，最后确定了直接或间接影响 WSMs 分布的关键菌种。然而，在堆肥过程中筛选指定的细菌更为困难。考虑到某些理化参数可以直接影响细菌群落[21-23]，通过调节相应的理化参数，提供一种降低植物毒性的方法。

由于结构方程模型（SEM）是一种先验方法，允许对生态系统中的复杂关系网络进行直观的图形表示[24, 25]，构建 SEM 旨在进一步从 RDA 获得关键理化参数、细菌种类、DOM 结构、WSMs 和植物毒性之间的关系信息（图 8-5）。图 8-5（a）反映了 SO_4^{2-}、OM 和 pH 对 WSMs(Ⅰ)和 WSMs(Ⅱ)的直接影响，这与 GI 显著相关，表明调节这些参数可以降低堆肥中的植物毒性。图 8-5（b）显示 pH 通过影响关键细菌种类对 WSMs 间接影响。pH 与 WSMs(Ⅱ)呈负相关，与 GI 呈正相关，证实了 pH 与 WSMs(Ⅰ)（Mg、Zn、Ni 和 Cu）无直接关系。此结果表明，如果 pH 随 SO_4^{2-} 和 OM 的降低而升高，堆肥中的植物毒性可能会降低。因此，在初始阶段，加入适量的石灰(生石灰或熟石灰)可以调节 pH 为 8.0～8.5，同时除去 SO_4^{2-}。此外，适当提高 pH 可以促进微生物的生长，因为 pH 显著提高了微生物细胞的代谢活性和蛋白质的积累，从而加速了 OM 的降解。根据 RDA 结果［图 8-2（b）］，B4 和 B7 对 WSMs(Ⅱ)有直接影响，而 B11 和 B22 对 WSMs(Ⅱ)有直接的负向影响。pH 与 B11、B22 呈正相关，与 B4、B7 呈负相关。这一结果也表明，pH 的增加还可以通过改变 B4、B7、B11 和 B22 的丰度，间接降低植物毒性。另一种可能的机制是通过影响 DOM 的相应结构，间接反映关键理化参数、部分菌种（来源于 B11、B19、B20、B23、B24、B26 和 B27 的主成分分析）、B4、B7 和 B11 对 WSMs 的响应［图 8-5（c）］。NO_3^--N 对部分细菌种类（来源于 B11、B19、B20、B23、B24、B26、B27 的主成分分析）有明显促进 WSMs(Ⅱ)还原的作用。此外，它们还对水溶氮（DON）和 S_R 有显著的直接负面影响，表明这些细菌群落不仅直接影响 WSMs(Ⅱ)，还可以促进堆肥过程中大分子物质的硝化和形成。添加

NO_3^--N 可以提高微生物的功能活性,并进一步加速堆肥过程中大分子物质的硝化和形成。此外,B11 显著影响 E_{253}/E_{203} 和 PLR,从而影响 WSMs(Ⅱ),此结果表明,虽然 B11 不能直接影响 WSMs(Ⅱ),但仍可以通过改变 DOM 结构来实现对WSMs(Ⅱ)的影响。

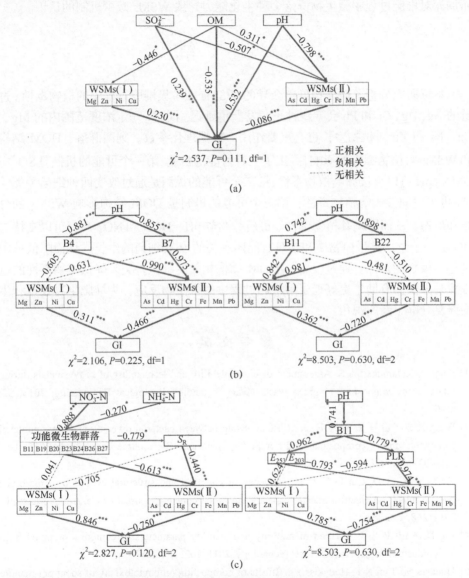

图 8-5　堆肥过程中物理化学参数、细菌种类、DOM 结构、
WSMs（Ⅰ）、WSMs（Ⅱ）和 GI 之间的 SEM

箭头表示偶然关系:连续箭头和虚线箭头分别表示显著关系和非显著关系;
显著性水平显示:*$P < 0.05$,**$P < 0.01$,***$P < 0.001$

通过对堆肥过程中所选择的菌种进行相应的理化参数调节，从三种可能的机制出发，提出了一种新的分级调控方法。对于堆肥的成熟和稳定，这将是一个有益和直接的策略。但由于堆肥条件复杂，在其他特定条件下调节过程仍可能受到影响。综上所述，还需要进一步的研究，通过过程控制来调控 WSMs 的分布，从而加深对堆肥过程中微生物群落多种生化能力导致 WSMs 减少机制的认识。

8.7 小　　结

本章研究分析了微生物群落介导的 WSMs 在垃圾堆肥过程中的植物毒性。过量的 As、Hg、Cr 和 Pb 会导致种子萌发严重延迟。同时，一定浓度范围内的 Mg、Cu、Ni 和 Zn 对植物生长也有重要作用。根据理化参数、细菌群落、DOM 结构和 WSMs 对植物毒性的影响，提出了三种可能的机制：第一个可能的机制是 SO_4^{2-}、OM 和 pH 可以直接影响植物毒性；第二个可能的机制是通过改变四种细菌种类、pH 也可以间接影响植物毒性；第三个可能的机制是 DOM 结构影响 WSMs 的分布和形态，从而影响其植物毒性。最后，调节 pH、DON 和 NO_3^--N，可以支持与 DOM 分子量、类蛋白物质和含氧官能团有关的 9 种细菌的生长，从而降低堆肥过程中植物的毒性。通过改变与 DOM 结构相关的细菌种类来降低植物毒性的过程控制方法，有助于更好地了解堆肥过程中的微生物反应，为堆肥生物处理和生物修复开辟了新的视角。

参 考 文 献

[1] Singh J, Kalamdhad A S. Assessment of bioavailability and leachability of heavy metals during rotary drum composting of green waste (Water hyacinth). Ecological Engineering, 2013, 52: 59-69.

[2] Wang X Q, Cui H Y, Shi J H, et al. Relationship between bacterial diversity and environmental parameters during composting of different raw materials. Bioresource Technology, 2015, 198: 395-402.

[3] He X S, Xi B D, Cui D Y, et al. Influence of chemical and structural evolution of dissolved organic matter on electron transfer capacity during composting. Journal of Hazardous Materials, 2014, 268: 256-263.

[4] Raj D, Antil R S. Evaluation of maturity and stability parameters of composts prepared from agro-industrial wastes. Bioresource Technology, 2011, 102: 2868-2873.

[5] Tiquia S M, Tam N F, Hodgkiss I J. Effects of composting on phytotoxicity of spent pig-manure sawdust litter. Environmental Pollution, 1996, 93: 249-256.

[6] Hsu J H, Lo S L. Effect of composting on characterization and leaching of copper, manganese, and zinc from swine manure. Environmental Pollution, 2001, 114: 119-127.

[7] Zhao X Y, He X S, Xi B D, et al. The evolution of water extractable organic matter and its association with microbial community dynamics during municipal solid waste composting. Waste Management, 2016, 56: 79-87.

[8] Munzuroglu O, Geckil H. Effects of metals on seed germination, root elongation, and coleoptile and hypocotyl growth in *Triticum aestivum* and *Cucumis sativus*. Archives of Environmental Contamination & Toxicology, 2002, 43: 203-213.

[9] Hassen A, Saidi N, Cherif M, et al. Resistance of environmental bacteria to heavy metals. Bioresource Technology, 1998, 64: 7-15.

[10] Chen Z Q, Ai Y W, Fang C, et al. Distribution and phytoavailability of heavy metal chemical fractions in artificial soil on rock cut slopes alongside railways. Journal of Hazardous Materials, 2014, 273: 165-173.

[11] He X S, Xi B D, Zhang Z Y, et al. Insight into the evolution, redox, and metal binding properties of dissolved organic matter from municipal solid wastes using two-dimensional correlation spectroscopy. Chemosphere, 2014, 117: 701-707.

[12] Shi W, Bischoff M, Turco R, et al. Long-term effects of chromium and lead upon the activity of soil microbial communities. Applied Soil Ecology, 2002, 21: 169-177.

[13] Zhang X C, Li X G. Equilibrium and kinetic studies of copper metal ion biosorption by *Flavobacterium* sp. as a low-cost natural biosorbent. Advanced Materials Research, 2011, 322: 436-439.

[14] Nair S, Bharathi P A, Chandramohan D. Effect of heavy metals on marine *Bacillus* sp. and *Flavobacterium* sp. Ecotoxicology, 1993, 2: 220-229.

[15] Su J, Wei B, Ou-Yang W, et al. Antibiotic resistome and its association with bacterial communities during sewage sludge composting. Environmental Science & Technology, 2015, 49: 7356-7363.

[16] Kulikowska D, Gusiatin Z M, Bułkowska K, et al. Feasibility of using humic substances from compost to remove heavy metals (Cd, Cu, Ni, Pb, Zn) from contaminated soil aged for different periods of time. Journal of Hazardous Materials, 2015, 300: 882-891.

[17] Wei Y Q, Zhao Y, Fan Y Y, et al. Impact of phosphate-solubilizing bacteria inoculation methods on phosphorus transformation and long-term utilization in composting. Bioresource Technology, 2017, 241: 134.

[18] Wu J Q, Zhao Y, Qi H S, et al. Identifying the key factors that affect the formation of humic substance during different materials composting. Bioresource Technology, 2017, 244: S486277886.

[19] Wu J Q, Zhao Y, Zhao W, et al. Effect of precursors combined with bacteria communities on the formation of humic substances during different materials composting. Bioresource Technology, 2017, 226: 191-199.

[20] Tang W W, Zeng G M, Gong J L, et al. Impact of humic/fulvic acid on the removal of heavy metals from aqueous solutions using nanomaterials: a review. Science of the Total Environment, 2014, 468-469: 1014-1027.

[21] Lu Q, Zhao Y, Gao X T, et al. Effect of tricarboxylic acid cycle regulator on carbon retention and organic component transformation during food waste composting. Bioresource Technology, 2018, 256: S485290296.

[22] Wei Y Q, Wei Z M, Cao Z Y, et al. A regulating method for the distribution of phosphorus fractions based on environmental parameters related to the key phosphate-solubilizing bacteria during composting. Bioresource Technology, 2016, 211: 610-617.

[23] Zhao Y, Lu Q, Wei Y Q, et al. Effect of actinobacteria agent inoculation methods on cellulose degradation during composting based on redundancy analysis. Bioresource Technology, 2016, 219: 196-203.

[24] Chen L, Liang J, Qin S, et al. Determinants of carbon release from the active layer and permafrost deposits on the Tibetan Plateau. Nature Communications, 2016, 7: 13046.

[25] Wen C, Paul W, Leenheer J A, et al. Fluorescence excitation-emission matrix regional integration to quantify spectra for dissolved organic matter. Environmental Science & Technology, 2003, 37: 5701-5710.

第三部分　堆肥渗滤液有机质产生
特征与去除规律

第9章 堆肥渗滤液有机质产生与变化规律

9.1 渗滤液收集

堆肥渗滤液采集于某生活垃圾堆肥车间。该堆肥厂采用条垛式堆肥,通过机械翻堆进行供氧,分一次发酵和二次发酵。一次发酵过程中采集堆肥第 4 天、7 天、11 天、15 天、21 天和 25 天产生的渗滤液,依次编号为 S1、S2、S3、S4、S5 和 S6。二次发酵过程产生的渗滤液很少,在后期时渗滤液收集非常困难,因此收集了 4 个渗滤液样品,其堆肥的时间均超过 30 天,按堆肥时间的延伸依次编号为 L1、L2、L3 和 L4。采集完毕后装入放有冰块的保温箱于当天运回实验室,4 ℃低温保藏。将所采集的堆肥渗滤液于 4 ℃、10000 r/min 下离心,所得上清液过 0.45 μm 的滤膜,收集滤液并用于无机阴阳离子、氨氮、重金属及有机质组成分析。

9.2 生活垃圾堆肥渗滤液基本理化性质

生活垃圾中含有大量水分、无机盐和有机质,在堆肥过程中,堆体中含有的水分和降解产生的水在重力作用下淋溶出来,同时将生活垃圾中的无机盐、降解产物等也淋溶出来。如表 9-1 所示,在整个堆肥周期中,堆肥渗滤液的 pH 均小于 7,呈酸性。但一次发酵结束时堆肥渗滤液的 pH 从堆肥起始的 5.94 升至 6.47,发生了显著升高。一次发酵渗滤液 pH 均值为 5.98,二次发酵渗滤液 pH 均值为 6.67,明显高于一次发酵渗滤液的。在堆肥过程中,有机质降解生成二氧化碳和水的过程产生了大量有机酸,导致渗滤液呈酸性,但是,堆肥有机质降解的过程还产生了碱性物质——氨,并且氨转化为硝态氮的过程较慢[1],导致上述堆肥过程渗滤液 pH 上升。一次发酵初期和中期堆肥渗滤液的氧化还原电势(ORP)为正值,显示渗滤液处于氧化氛围,而在一次发酵结束时及整个二次发酵过程中堆肥渗滤液的 ORP 为负值,显示这一时期渗滤液处于还原氛围,这可能与一次发酵过程中翻堆频繁,供氧充分,而二次发酵翻堆次数过少导致供氧不足有关。电导率(EC),F^-、Cl^- 和 SO_4^{2-} 的浓度在一次发酵和二次发酵过渡的时间内呈现出较大的波动,这可能与一次发酵结束后进行二次发酵时堆肥物料重新进行了翻堆和调整有关。在一次发酵和二次发酵过程中,EC,F^-、Cl^- 和 SO_4^{2-} 的浓度均呈下降趋势,表明在一次发酵和二次发酵过程中,堆肥垃圾中污染物的浸出浓度不断下降,以 F⁻浓度下降最为剧烈,经一次发酵初期后,其浓度下降了一半,而其他 3 个指标的降幅均未达到一半。与填埋垃圾渗滤液相似[2],堆肥渗滤液中水溶有机碳(DOC)的含量均超过 20000 mg/L,显示堆肥过程中大量有机质溶于渗滤液中。

表 9-1　生活垃圾堆肥渗滤液基本理化参数变化特征

项目	pH	ORP /mV	EC /(mS/cm)	F⁻ /(mg/L)	Cl⁻ /(mg/L)	SO_4^{2-} /(mg/L)	DOC /(mg/L)	NH_4^+-N /(mg/L)	NO_3^--N /(mg/L)	NO_2^--N /(mg/L)	Org-N /(mg/L)
S1	5.94	24.00	31.80	17.42	34.67	23.38	25210.00	2216.70	33.68	34.90	134.35
S2	6.03	19.00	27.40	15.87	31.68	21.63	21950.00	1931.84	38.25	29.44	291.66
S3	5.83	31.00	25.90	15.66	33.52	22.55	21260.00	1509.93	33.60	21.86	320.30
S4	6.05	18.00	26.20	15.54	36.13	17.86	20090.00	1234.61	30.76	16.82	161.29
S5	5.53	47.00	28.20	7.74	34.81	20.69	28450.00	1651.82	35.40	25.16	272.39
S6	6.47	−6.00	24.50	6.82	32.50	19.03	21690.00	1097.42	30.23	14.93	291.73
均值	5.98	22.17	27.33	13.18	33.89	20.86	23108.33	1607.05	33.65	23.85	245.29
L1	6.51	−8.00	33.90	9.13	44.77	23.48	32400.00	1905.53	15.63	123.61	517.99
L2	6.91	−30.00	30.80	8.63	40.38	21.46	29620.00	1714.78	15.46	113.06	609.36
L3	6.26	−27.00	31.50	8.77	40.80	21.70	29270.00	1791.83	15.31	114.10	399.31
L4	6.99	−34.00	25.40	7.34	31.75	18.44	21660.00	1337.98	15.64	101.1	410.46
均值	6.67	−24.75	30.40	8.47	39.43	21.27	28237.50	1687.53	15.51	112.97	484.28

　　堆肥渗滤液中 NH_4^+-N 的浓度为 1097.42~2216.70 mg/L,在一次发酵和二次发酵过程中整体呈下降趋势,NO_3^--N 的浓度在堆肥渗滤液中变化不大,但二次发酵渗滤液中 NO_3^--N 的浓度约为一次发酵渗滤液的一半左右。与此相反的是,NO_2^--N 的浓度在二次发酵过程中大大升高了,由一次发酵渗滤液的 23.85 mg/L(平均值)升至二次发酵渗滤液的 112.97 mg/L(平均值),二次发酵过程中 NO_3^--N 浓度的下降和 NO_2^--N 浓度的显著上升与二次发酵过程翻堆频率低,堆体强烈的还原性氛围有关,这从 ORP 由一次发酵的正值变为二次发酵的负值也能看出。在堆肥渗滤液 4 种不同形态的氮中,有机氮(Org-N)的浓度远远高于 NO_2^--N 与 NO_3^--N,仅低于渗滤液中 NH_4^+-N 的浓度,其在一次发酵渗滤液和二次发酵渗滤液中浓度均值分别为 245.29 mg/L 和 484.28 mg/L。二次发酵渗滤液中 Org-N 的浓度显著高于一次发酵渗滤液的,这可能与二次发酵处于还原性氛围,有机质降解慢,导致渗滤液中累积了大量含氮有机质有关。

　　堆肥渗滤液中含有大量的有机质和含氮化合物,通过回流进行堆肥可以增加堆肥产品中有机质和氮素的含量。但是，堆肥渗滤液中含有大量的无机盐，进行回流处理会导致堆肥产品中盐分含量升高，如利用会使土壤盐渍化，因此堆肥渗滤液不适合进行回流处理，应在处理达标后排放。参考最新的渗滤液排放标准可知[2]，除堆肥一次发酵部分渗滤液的 pH 轻微超过污水排放标准外，大部分渗滤液的 pH 符合排放标准，但堆肥渗滤液中水溶有机碳（DOC）均超过 20000 mg/L，换算成 COD_{Cr} 时，其值远高于渗滤液排放标准。此外，堆肥渗滤液中 NH_4^+-N 的浓度为 1097.42～2216.70 mg/L，也大大超过渗滤液排放标准[3]，因此堆肥渗滤液必须经过处理才能排放。

对堆肥渗滤液不同指标的相关性分析（表 9-2）和主成分分析（图 9-1）显示，所有指标可以分为两个主成分，第一主成分占 52.63%，包括 pH、ORP、F^-、NO_3^--N 、NO_2^--N 及 Org-N，其中 pH、NO_2^--N 及 Org-N 三者之间两两正相关，均位于第一主成分的正方向，显示上述 3 个指标具有相同的变化趋势，而 NO_3^--N 、ORP 均位于第一主成分的负方向，与 pH、NO_2^--N 及 Org-N 3 个指标均呈显著负相关，显示堆肥过程 ORP 的增大导致 NO_3^--N 的增加和 NO_2^--N 、Org-N 的减少，进一步证实了 ORP 是影响 NO_3^--N 、NO_2^--N 、Org-N 相互转化的重要因素。F^- 也在第一主成分的负方向，但其未与其他任何指标达到显著性相关，显示其在堆肥中的变化规律与其他指标存在较大差异。第二主成分占 30.47%，包括 EC、NH_4^+-N 、Cl^-、

表 9-2　不同指标之间的皮尔逊相关系数

	pH	ORP	EC	F^-	Cl^-	SO_4^{2-}	DOC	NH_4^+-N	NO_3^--N	NO_2^--N	Org-N
pH	1	−0.928**	0.056	−0.519	0.242	−0.244	0.133	−0.231	−0.800**	0.695*	0.695*
ORP		1	−0.175	0.561	−0.366	0.181	−0.249	0.155	0.890**	−0.796**	−0.694*
EC			1	0	0.823**	0.742*	0.867**	0.797**	−0.427	0.622	0.371
F^-				1	−0.261	0.297	−0.434	0.377	0.606	−0.503	−0.603
Cl^-					1	0.441	0.843**	0.346	−0.655*	0.713*	0.59
SO_4^{2-}						1	0.576	0.846**	0	0.253	0.209
DOC							1	0.545	−0.539	0.691*	0.606
NH_4^+-N								1	0.029	0.273	0.049
NO_3^--N									1	−0.940**	−0.786**
NO_2^--N										1	0.827**
Org-N											1

注：显示显著性水平*P < 0.05，**P < 0.01。

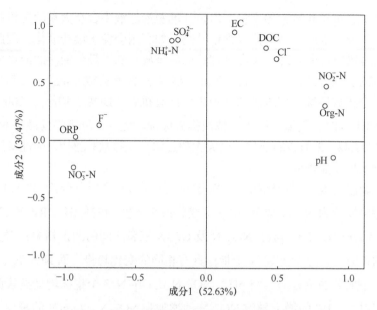

图 9-1　堆肥渗滤液不同指标间的主成分分析

SO_4^{2-} 及 DOC，这些指标均在第二主成分的正方向，但 EC、Cl^- 及 DOC 位于第一象限，两两间的相关性均达到了显著水平，显示其具有共同的影响因素，Cl^- 和 DOC 是影响 EC 最重要的因素；NH_4^+-N 和 SO_4^{2-} 位于第二象限，两者也达到了显著水平，显示硫酸盐和铵盐在堆肥过程中具有相似的变化规律，可能是由于有机质在降解过程中伴随着硫酸盐的释放。此外，NH_4^+-N、SO_4^{2-} 均与 EC 达到显著水平，显示 NH_4^+-N、SO_4^{2-} 含量也是影响堆肥渗滤液 EC 的重要因素。

9.3　生活垃圾堆肥渗滤液重金属浓度变化特征

生活垃圾中混有金属、电池、钱币等含金属的物品，因此，堆肥渗滤液中含有一定量的重金属。对堆肥渗滤液中 8 种金属和 1 种类金属浓度的分析显示（表 9-3），其中浓度最高的重金属为 Fe 和 Mn，均超过 5.0 mg/L，紧随其后的是 Zn，其浓度超过 1.0 mg/L，剩余的 6 种金属（类金属）浓度均低于 1.0 mg/L。堆肥渗滤液中的重金属（类金属）分为明显的两类，一类随着堆肥的进行其浓度呈整体下降趋势，包括 As、Pb、Cd、Cu、Zn，Pb 在二次发酵堆肥渗滤液中未检测到，而 Cd 在二次发酵堆肥渗滤液中只有一个样品检测到了。另一类随着堆肥的进行其浓度呈整体上升趋势，包括 Cr、Ni、Fe、Mn。主成分分析显示（图 9-2），堆肥渗滤液重金属分为两类，一类为 As、Pb、Cd、Cu、Zn，另一类为 Cr、Ni、Fe、Mn。

表 9-3　堆肥渗滤液重金属含量变化特征　　　（单位：mg/L）

样品	As	Pb	Cd	Cu	Zn	Cr	Ni	Fe	Mn
S1	0.9	0.03	0.04	0.61	2.87	0.25	0.73	8.16	7.16
S2	0.44	0.05	0.03	0.66	5.02	0.17	0.13	8.32	9.37
S3	0.2	0.02	0.02	0.15	2.45	0.1	0	9.05	10.82
S4	0.19	0.25	0.03	0.36	1.78	0.15	0	5.12	8.81
S5	0.2	0.23	0.03	0.46	1.59	0.15	0	5.47	8.35
S6	0.15	0.39	0.02	0.4	3.03	0.11	0.69	12.5	11.81
L1	0.24	0	0	0.15	1.22	0.49	1.58	207.8	18.56
L2	0.2	0	0.01	0.16	1.27	0.58	1.42	79.25	15.89
L3	0.23	0	0	0.22	1.38	0.41	1.51	97.28	16.41
L4	0.17	0	0	0.15	1.19	0.27	1.2	29.75	9.79
均值	0.292	0.097	0.018	0.332	2.18	0.268	0.726	46.27	11.697

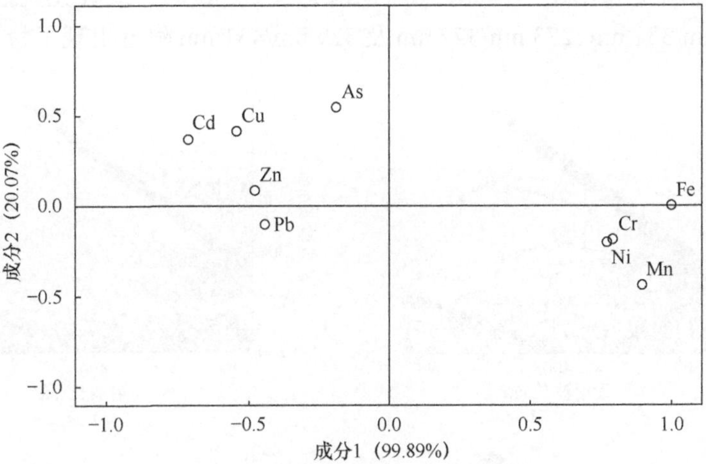

图 9-2　堆肥渗滤液重金属的主成分分析

DOM 在 253 nm 与 220 nm 下吸收值的比 E_{253}/E_{220} 是一个与苯环结构上取代基类型有关的参数，该值越大，显示苯环上的取代基为羧基、羰基等电负性较高的官能团，而该值越小，显示苯环上的取代基主要为脂肪类官能团。通过 E_{253}/E_{220} 与堆肥渗滤液重金属浓度的相关性分析显示，堆肥渗滤液 DOM 的 E_{253}/E_{220} 值与 Cu（$R=-0.787$，$P<0.01$）和 Zn（$R=-0.712$，$P<0.05$）的浓度呈负相关，显示渗滤液苯环有机质中重金属 Cu 和 Zn 主要结合在脂肪链上。

2008 年新修订渗滤液排放标准中[3]，Cd、Cr、As 及 Pb 的排放标准分别为 0.01 mg/L、0.1 mg/L、0.1 mg/L 及 0.1 mg/L。参照生活垃圾新版渗滤液排放标准可知,一次发酵堆肥渗滤液中 Cd 浓度全部超标,超标倍数为 2～4 倍,二次发酵堆肥渗滤液中 Cd 浓度满足排放标准;堆肥渗滤液中 Cr 浓度除样品 S3 外,其余全部超标,超标倍数为 1.1～5.8 倍;堆肥渗滤液中 As 浓度也全部超标,超标倍数为 1.7～9 倍;堆肥渗滤液中 Pb 只有三个样品超标,超标倍数为 2.3～3.9 倍。上述结果显示,大部分堆肥渗滤液中重金属浓度较高,不满足渗滤液排放标准,需要进行处理后才能排放。由于堆肥渗滤液中重金属浓度较高,因此,在堆肥过程中渗滤液不宜回流,以免造成堆肥产品重金属积累,影响其农用价值。

9.4　堆肥渗滤液水溶性有机质组成分析

三维荧光光谱可揭示渗滤液有机质中苯环结构的组成特性,而带苯环结构的有机质又是堆肥渗滤液中可生化性最差的组分。由于堆肥过程中渗滤液有机质的三维荧光光谱图类似,选择 S1、S6、L1 及 L4 这 4 个样品的三维荧光光谱作为典型代表。如图 9-3 所示,不同堆肥时期渗滤液 DOM 的三维荧光光谱图类似,均在 221 nm/331 nm、273 nm/322 nm 及 329 nm/431 nm 附近出现了特征荧光峰。

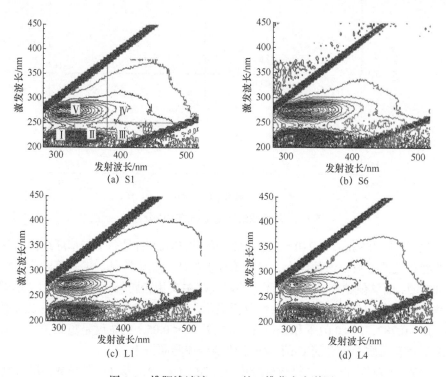

图 9-3　堆肥渗滤液 DOM 的三维荧光光谱图

221 nm/331 nm、273 nm/322 nm 附近的荧光峰与渗滤液中类蛋白物质的存在有关，而 329 nm/431 nm 处的荧光峰与渗滤液中类腐殖质物质的存在有关[4-7]。纵观不同堆肥时期渗滤液 DOM 的三维荧光光谱图，虽然存在类腐殖质荧光峰，但其为肩峰，最主要的还是类蛋白荧光峰，显示堆肥渗滤液中主要为类蛋白物质，类腐殖质物质含量较少。整个堆肥过程渗滤液 DOM 的三维荧光光谱图类似，显示堆肥渗滤液中主要为一些结构简单的类蛋白物质，其可生化性较好，适于生化处理，但在处理后期，当类蛋白物质经生化处理去除后，剩下的主要为类腐殖质物质，生化性较差，需要经过物化方法进行处理[8]。

　　为了深入研究堆肥过程渗滤液 DOM 的三维荧光光谱图变化，将各样品的三维荧光光谱图依据所对应区域代表荧光物质类型的不同分为Ⅰ、Ⅱ、Ⅲ、Ⅳ、Ⅴ共 5 个区域，其对应的激发/发射波长分别为(200～250)nm/(280～330)nm、(200～250)nm/(330～380)nm、(200～250)nm/(380～520)nm、(250～450)nm/(280～380)nm 及(250～450)nm/(380～520)nm。根据 Chen 等[7]的报道可知，区Ⅰ来源于类色氨酸物质，区Ⅱ来源于类酪氨酸物质，区Ⅲ来源于类富里酸物质，区Ⅳ来源于可溶性微生物降解产物，区Ⅴ来源于类胡敏酸物质。计算各区的区域体积占总体积的百分比，结果显示（图 9-4）：初始阶段，渗滤液 DOM 的三维荧光光谱图中类蛋白物质和可溶性微生物降解产物对应的区域（区Ⅰ、区Ⅱ）的荧光体积百分比为 20%～26%，而类腐殖质物质对应的区域（区Ⅳ、区Ⅴ）的荧光体积百分比为 14%～16%，在堆肥处理的中期（S3～S5），类蛋白和可溶性微生物降解产物对应的区域（区Ⅰ、区Ⅱ、区Ⅲ）的荧光体积百分比呈现出上升的趋势，而类腐殖质物质对应的区域（区Ⅳ、区Ⅴ）的荧光体积百分比呈下降趋势，显示这一时期微生物活动频繁，有机质降解剧烈，DOM 水解成为简单的类蛋白物质，类腐殖质物质被降解，堆肥渗滤液可生化性提高。随后，在一次发酵后期（S5～S6）和整个二次发酵过程（L1～

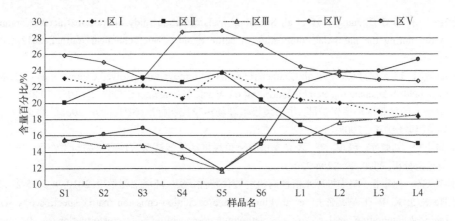

图 9-4　堆肥渗滤液 DOM 三维荧光光谱图不同区域所占体积百分比分布

L4），类蛋白和可溶性微生物降解产物对应区域的荧光体积百分比一直呈下降趋势，而类腐殖质物质对应区域的荧光体积百分比呈上升趋势，显示这一时期堆肥有机质中类腐殖质物质增多，渗滤液可生化性变差，这与其他研究者对堆肥过程物质转化规律的研究所得的结果一致[9, 10]。因此，在整个堆肥过程中，堆肥渗滤液的可生化性先增强后又变差。不过，堆肥渗滤液的主要产生期为一次发酵前期和中期，在一次发酵后期和二次发酵过程中渗滤液产生量很少，因此，堆肥渗滤液主要为蛋白质类简单有机物，适合生化处理。当这些结构简单的蛋白质类物质经生化处理去除后，剩下的主要为生化性差的类腐殖质物质，需要经过物化处理如高级氧化、膜过滤以提高其可生化性或将其直接去除。

9.5　小　结

随着堆肥的进行，堆肥渗滤液 pH 呈上升趋势，而 EC 及 F^-、Cl^-、SO_4^{2-}、NH_4^+-N 的浓度呈下降趋势，NO_2^--N、NO_3^--N 及 Org-N 的浓度与渗滤液的氧化还原氛围有关，二次发酵过程的还原性氛围导致 NO_3^--N 的浓度下降与 NO_2^--N、Org-N 浓度的升高。堆肥过程中，渗滤液中 As、Pb、Cd、Cu、Zn 随堆肥的进行浓度呈下降趋势，而 Cr、Ni、Fe、Mn 随堆肥的进行浓度呈上升趋势，渗滤液中重金属浓度含量较高，不能用于堆肥回流。渗滤液中的有机质主要为类蛋白简单物质，但也含有类腐殖质物质，在堆肥过程中类蛋白物质相对含量先增加后减少，而类腐殖质物质相对含量先减少后增加，堆肥渗滤液适合先生化处理去除类蛋白物质，然后物化处理去除类腐殖质物质。

参 考 文 献

[1] He X S, Xi B D, Jiang Y H, et al. Structural transformation study of water-extractable organic matter during the industrial composting of cattle manure. Microchemical Journal, 2013, 106: 160-166.

[2] Zhang L, Li A M, Lu Y F, et al. Characterization and removal of dissolved organic matter (DOM) from landfill leachate rejected by nanofiltration. Waste Management, 2009, 29: 1035-1040.

[3] 中华人民共和国环境保护部. 生活垃圾填埋场污染控制标准(GB16889—2008). 北京: 中国环境科学出版社, 2008.

[4] 何小松, 刘晓宇, 魏东, 等. 荧光光谱研究垃圾堆场渗滤液水溶性有机物与汞作用. 光谱学与光谱分析, 2009, 29: 2204-2207.

[5] 李英军, 何小松. 鸡粪堆肥水溶性有机物转化特性研究. 环境工程学报, 2010, 9: 2135-2140.

[6] He X S, Xi B D, Wei Z M, et al. Fluorescence excitation-emission matrix spectroscopy with regional integration analysis for characterizing composition and transformation of dissolved organic matter in landfill leachates. Journal of Hazardous Materials, 2011, 190: 293-299.

[7] Chen W, Westerhoff P, Leenheer J A, et al. Fluorescence excitation-emission matrix regional integration to quantify spectra for dissolved organic matter. Environmental Science & Technology, 2003, 37: 5701-5710.

[8] 何小松, 于静, 席北斗, 等. 填埋垃圾渗滤液中水溶性有机物去除规律研究. 光谱学与光谱分析, 2012, 32: 2528-2533.

[9] Shao Z H, He P J, Zhang D Q, et al. Characterization of water-extractable organic matter during the biostabilization of municipal solid waste. Journal of Hazardous Materials, 2009, 164: 1191-1197.

[10] He X S, Xi B D, Wei Z M, et al. Spectroscopic characterization of water extractable organic matter during composting of municipal solid waste. Chemosphere, 2011, 82(4): 541-548.

第 10 章　堆肥渗滤液中有机碳去除规律及其效应

10.1　渗滤液收集

堆肥渗滤液样品取自北京污水处理厂的不同堆肥渗滤液处理工艺阶段。处理厂的原废水来源于邻近的堆肥厂，堆肥厂中城市固体垃圾预处理和堆肥过程每天产生 400m³ 堆肥渗滤液。如图 10-1 所示，在渗滤液处理过程中采集 10 个堆肥渗滤液样品，分别取自调节池（T1），升流式厌氧污泥床（T2），初始好氧-厌氧阶段（T3 和 T4），膜生物反应器（T5），高级氧化阶段（T6），次级好氧-厌氧阶段（T7），纳滤（T8），不能通过纳滤膜的浓缩堆肥渗滤液（T9），反渗透阶段（T10）。每个样品取 1.5 L，并且在取样后 24 h 内送到实验室保存。每个样品于 10000 r/min 离心 10 min，取上清液过 0.45 μm 滤膜。取一部分滤液冻干，用于元素分析测定，剩下的样品于 4 ℃ 下保存。

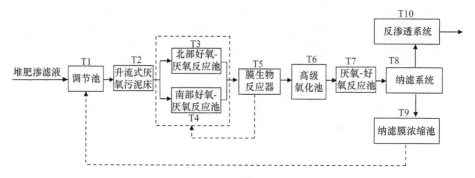

图 10-1　堆肥渗滤液处理工艺过程

平行因子分析法用来分析堆肥 DOM 的三维荧光光谱的三维数据。图 10-2 为四种荧光组分残差分析，图 10-3 为四种荧光组分。根据先前的研究报道[1-4]，C1［$\lambda_{ex}/\lambda_{em}$=(235 nm，320 nm)/397 nm］为含丰富脂肪碳的类富里酸物质；C2［$\lambda_{ex}/\lambda_{em}$=(260 nm，360 nm)/332 nm］为类胡敏酸物质；C3［$\lambda_{ex}/\lambda_{em}$=(227 nm，278 nm)/332 nm］为类色氨酸物质和溶解态微生物副产物；C4［$\lambda_{ex}/\lambda_{em}$=(215 nm，260 nm)/318 nm］为类酪氨酸物质。计算每个样品相关的四种组分的浓度（以 F_{max} 表达）。

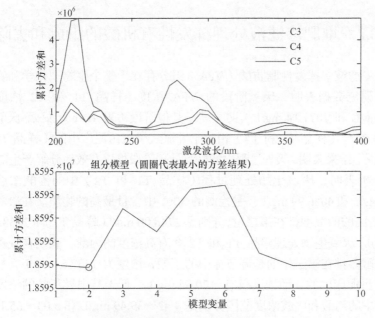

图 10-2　平行因子分析法的残差分析

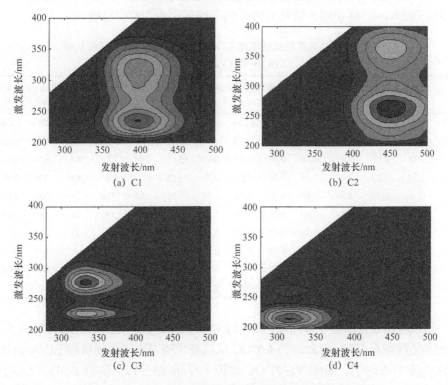

图 10-3　三维荧光耦合平行因子分析得到的四种荧光组分

10.2 堆肥渗滤液处理挥发性有机酸的组成和去除

堆肥渗滤液中挥发性脂肪酸（VFA）组分存在于整个生物、化学和物理处理过程中。研究数据表明，厌氧阶段的 VFA 浓度（样品 T1 和 T2 浓度分别为9730.16 mg/L 和 7071.14 mg/L）明显高于其他阶段（表 10-1）。好氧-厌氧反应池中的 VFA 组分（样品 T3 和 T4）相比于升流式厌氧污泥床中的（样品 T2）几乎被彻底还原。结果表明，厌氧过程中的好氧处理阶段可以有效地分解产生的 VFA。进一步分析表明，厌氧生物处理过程（样品 T1 和 T2）中的乙酸浓度分别为5162.26 mg/L 和 4066.99 mg/L，是检测的 VFA 中含量最高的物质。在厌氧生物处理过程中，丙酸的浓度排在第二位，分别是 2748.00 mg/L（样品 T1）和 2568.89 mg/L（样品 T2）。厌氧生物处理样品 T1 和 T2 含有高浓度的丙酸，表明在处理过程中进行了发酵。排在第三位的是调节池中的丁酸，浓度为 1357.57 mg/L，然而在升流式厌氧污泥床中的丁酸浓度仅有 120.94 mg/L，低于其中异丁酸的浓度。样品T3～T10 中的乙酸和丙酸浓度范围分别是 4.42～39.49 mg/L 和 5.03～65.19 mg/L，明显高于样品中的其他 VFA（<4.5 mg/L）。乙酸和丙酸占堆肥渗滤液总 VFA 的81.3%～93.84%，这表明乙酸和丙酸是整个处理中的主要有机酸。

表 10-1　不同处理阶段堆肥渗滤液中挥发性脂肪酸、溶解性有机碳、
BOD$_5$ 和 COD$_{Cr}$ 浓度

样品	乙酸/ (mg/L)	丙酸/ (mg/L)	丁酸/ (mg/L)	异丁酸/ (mg/L)	戊酸/ (mg/L)	异戊酸/ (mg/L)	庚酸/ (mg/L)	总 VFA/ (mg/L)	VFA/ DOC	DOC/ (mg/L)	BOD$_5$/ (mg/L)	COD$_{Cr}$/ (mg/L)	BOD$_5$/ COD$_{Cr}$
T1	5162.26	2748.00	1357.57	207.49	186.84	61.19	6.81	9730.16	2.12	4581	11100	17800	0.624
T2	4066.99	2568.89	120.94	175.69	77.63	59.18	1.82	7071.14	2.48	2846	6460	9940	0.650
T3	7.45	6.02	1.01	0.40	0.36	0.36	0.05	15.65	0.04	352	37	674	0.055
T4	6.17	5.03	0.79	0.39	0.21	0.28	0.18	13.05	0.03	384	44	706	0.062
T5	15.45	11.02	1.86	0.66	0.66	0.51	0.05	30.21	0.08	358	26	598	0.043
T6	11.80	9.91	0.84	0.40	0.20	0.39	0.02	23.56	0.07	354	31	580	0.053
T7	12.13	65.19	1.36	3.20	0.09	0.62	0.01	82.6	0.25	327	33	564	0.059
T8	4.42	10.66	0.30	0.50	0.20	0.25	0.01	16.22	0.11	150	9	164	0.055
T9	39.49	26.79	4.07	1.77	1.97	1.16	0.12	75.37	0.38	199	12	218	0.055
T10	12.36	18.35	0.86	0.42	0.22	0.44	0.07	32.82	0.33	98	7	37	0.189

厌氧生物反应阶段（样品 T1 和 T2），VFA/DOC 分别是 2.12 和 2.49，这个比值在其他阶段是 0.03～0.38。VFA/DOC 比值高说明在厌氧生物阶段 BOD$_5$/COD$_{Cr}$值比较高（>0.60），而低 VFA/DOC 比值（样品 T3～T9）说明 BOD$_5$/COD$_{Cr}$ 比值比较低（0.045～0.063）。

10.3　堆肥渗滤液处理胡敏酸类物质的组成和去除

三维荧光光谱可以用来分析 DOM 组成。然而 DOM 中不同的荧光组分在光谱中通常会发生重叠。平行因子分析能够将三维荧光光谱分解成不同的独立的荧光组分，给出不同组分所占的百分含量及 F_{max}。如图 10-4（a）所示，厌氧阶段四个组分（C1、C2、C3 和 C4）由于其高 DOC 浓度（表 10-1），其 F_{max} 是所有阶段中最高的。样品 T2 中的类胡敏酸、类色氨酸和类酪氨酸物质的 F_{max} 比样品 T1 中的小。然而类富里酸组分的 F_{max} 在厌氧过程中轻微的增加。这些结果表明在厌氧过程中，类胡敏酸、类色氨酸和类酪氨酸物质被分解，而类富里酸物质在增加。增加的类富里酸物质也许是类胡敏酸物质降解产生的产物。大多数的类色氨酸和类酪氨酸物质在初始好氧阶段（样品 T3）被去除，类酪氨酸物质在初始好氧阶段几乎检测不出来。然而过程中类胡敏酸、类富里酸物质只有轻微的减少，表明好氧-厌氧阶段能有效地降解类蛋白物质，但是却不能很好地降解类胡敏酸和类富里酸物质。由于五个样品不是取自同一堆肥渗滤液，因此四种荧光组分样品 T3~T7 表现出很小变化。如图 10-4（a）所示，类胡敏酸、类富里酸和类蛋白组分在膜工艺（样品 T8 和 T10）过后，F_{max} 减小，表明膜工艺能够有效地去除各类荧光有机质。

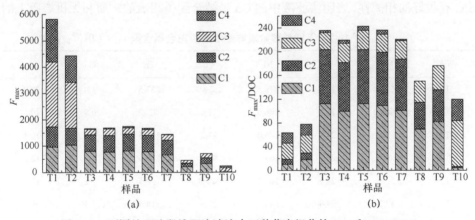

图 10-4　不同处理阶段堆肥渗滤液中四种荧光组分的 F_{max} 和 F_{max}/DOC

从图 10-4（b）可以看出，样品 T1 和 T2 的四种荧光组分（特别是类胡敏酸和类富里酸）的 F_{max}/DOC 低于其他样品，说明样品 T1 和 T2 的 DOM 中荧光有机质（尤其是类胡敏酸和类富里酸）百分含量高，表明样品 T1 和 T2 的生物可利用性高。相较于样品 T3、T9 和 T10 的类胡敏酸和类富里酸组分的 F_{max}/DOC 明显地减小，这是由其 BOD_5/COD_{Cr} 比值高所致。

10.4　堆肥渗滤液有机碳对重金属分布的影响

　　表 10-2 表明不同处理时期的堆肥渗滤液中重金属的迁移转化情况。Mn、Co和 Pb 含量在生物、物理处理工艺后大幅度减少，然而却对 Ni、Zn 和 Cd 没有明显的处理效果。重金属的迁移转化与渗滤液中的 DOM 相关[4, 5]。本节研究探求DOM 组成对重金属迁移转化的影响。如表 10-3 所示，Mn 与 BOD_5、COD_{Cr}、DOC、VFA、F_{max}（C3）和 F_{max}（C4）呈极显著相关（$P < 0.01$），但是与 S/C 却没有很好的相关性（$P < 0.05$），表明大多数堆肥渗滤液中的 Mn 是结合到可生物降解的有机质上的，如 VFA 和类蛋白物质（C3 和 C4），而不是以无机硫复合物形式存在。Mn 随着 DOC、F_{max}(C1)和 F_{max}(C2)的增加而增加，并不是极显著（$P < 0.05$）相关，表明少部分的 Mn 结合到 DOC 和腐殖质（HS）上（C1 和 C2）。Ni 与 BOD_5、COD_{Cr}、DOC、VFA、F_{max}（C1）、F_{max}（C2）、F_{max}（C3）和 F_{max}（C4）都呈显著相关（$P < 0.05$），堆肥渗滤液中的 Pb 也有相似的关系。这些结果表明，堆肥渗滤液中的 Ni 和 Pb 不仅结合到可生物降解的有机质上，如 VAF 和类蛋白物质，还结合到难降解的有机质上，如类胡敏酸和类富里酸物质。此外，重金属（Ni 和Pb）与 S/C 却没有很好的相关性，说明重金属和无机态硫的络合作用微乎其微。与 Mn、Ni 和 Pb 相比，Co 随着 F_{max}（C1）的增加而增加，并且与 F_{max}（C2）和S/C 有很好的相关性，表明渗滤液中的 Co 是结合到类胡敏酸物质和无机态硫上的。

表 10-2　不同处理阶段堆肥渗滤液重金属含量　　　（单位：μg/L）

样品	Mn	Co	Ni	Cu	Zn	Cd	Pb
T1	1585.0	14.6	276.5	7.3	237.5	1.0	22.9
T2	1005.0	13.3	146.0	11.0	82.0	0.8	19.1
T3	247.5	28.0	146.0	27.2	101.5	1.0	10.3
T4	268.5	21.5	167.0	45.7	260.5	1.1	16.3
T5	30.1	24.9	161.0	127.0	190.5	1.1	12.9
T6	47.2	24.4	148.5	27.5	114.0	1.3	9.8
T7	36.3	21.5	161.5	72.5	405.5	1.2	10.4
T8	25.4	4.1	70.5	39.9	140.5	1.3	9.3
T9	11.5	5.7	71.5	37.6	119.5	1.0	11.3
T10	69.0	<0.002	136.0	13.7	126.0	1.1	2.6

表 10-3 不同种类重金属和有机质之间的相关系数

参数	Mn	Co	Ni	Cu	Zn	Cd	Pb
BOD$_5$	0.985**	−0.215	0.712*	−0.454	0.015	−0.482	0.801**
COD$_{Cr}$	0.987**	−0.186	0.736*	−0.438	0.037	−0.471	0.813**
DOC	0.988**	−0.172	0.732*	−0.430	0.030	−0.492	0.827**
VFA	0.980**	−0.230	0.662*	−0.463	−0.029	−0.536	0.802**
F_{max}（C1）	0.588	0.601	0.638*	0.072	0.153	−0.418	0.795**
F_{max}（C2）	0.509	0.749*	0.700*	0.154	0.276	−0.291	0.731*
F_{max}（C3）	0.987**	−0.186	0.706*	−0.443	0.001	−0.527	0.820**
F_{max}（C4）	0.986**	−0.194	0.715*	−0.457	−0.002	−0.500	0.794**
S/C	−0.741*	0.681*	−0.160	0.559	0.357	0.367	−0.650

注：显示显著性水平$*P < 0.05$，$**P < 0.01$。

与 Mn、Ni 和 Pb 不同，重金属 Cu、Zn 和 Cd 却没有与 VAF、HS 和 DOC 组分表现出很好的相关性，但是却随着 S/C 增加而增加，表明这三种重金属首先以无机硫络合态和游离离子形态存在。堆肥渗滤液中检测出大量的硫酸盐（表 10-4），这是造成重金属和 S/C 没有特别显著相关性的原因。

表 10-4 不同处理阶段堆肥渗滤液中重金属含量及相关参数的研究

样品	E_{253}/E_{203}	C/%	S/%	S/C	pH	ORP/mV	SO_4^{2-}/(mg/L)	Cl$^-$/(mg/L)
T1	0.21	24.89	0.653	0.020	7.8	−125	80.1	3576.7
T2	0.34	19.12	0.378	0.015	8.0	−136	72.4	3196.8
T3	0.42	7.51	0.924	0.092	8.6	−85	387.8	3777.4
T4	0.40	7.52	0.873	0.087	8.6	−75	67.3	792.5
T5	0.37	7.08	0.777	0.082	8.8	−87	404.7	3865.2
T6	0.42	7.29	0.766	0.079	8.7	−82	357.9	3663.2
T7	0.22	6.84	0.857	0.094	8.8	−87	361.5	3678.3
T8	0.04	5.92	0.339	0.043	9.0	−99	3.1	378.0
T9	0.21	5.9	0.448	0.057	8.5	−72	464.6	11940.7
T10	0.34	4.61	0.378	0.082	8.5	−72	361.6	3223.4

如表 10-4 所示，堆肥渗滤液中 pH 和 ORP 值分别是 7.8～9.0 和−72～−136mV。堆肥渗滤液中的碱性还原氛围可促进硫化物离子的产生和重金属与硫化物离子、VFA 及 HS 的络合作用。

　　堆肥渗滤液中的重金属由于其不同的存在形态表现出不同的毒性和迁移转化特性。其中一部分的 Mn、Ni 和 Pb 结合到可降解的生物有机质上，如 VFA 和类蛋白物质。因此，Mn、Ni 和 Pb 很容易被微生物利用，导致微生物毒性很大[6]。其他重金属主要结合到难降解的化合物上，如类胡敏酸和类富里酸物质或者硫化物，可生物利用性很低，因此毒性就比较低。膜处理工艺能去除与类胡敏酸结合的 Mn、Ni、Pb 和 Co。与此同时，首先与无机态硫络合的 Cu、Zn 和 Cd 能够通过调节堆肥渗滤液的 pH 和 ORP 而达到去除的效果。

10.5　小　　结

　　在厌氧生物处理阶段，VFA 含量为 7071.14～9730.16 mg/L，而在好氧、化学和物理处理阶段其值低于 100 mg/L，乙酸和丙酸在整个处理阶段是 VFA 的主要组成部分。三维荧光光谱耦合平行因子分析法，通过计算类胡敏酸和类富里酸物质 F_{max} 值分析表征胡敏酸类物质的组成和迁移特性。HS 结合态的 DOC 组分通过计算类蛋白物质的 F_{max} 来估算。在堆肥渗滤液中，Mn、Ni、Pb、Co、Cu、Zn 和 Cd 存在不同的迁移特性。Mn、Ni 和 Pb 主要结合到类蛋白、类胡敏酸和类富里酸物质上。Co 主要结合到类胡敏酸和类富里酸及无机态硫上。Cu、Zn 和 Cd 存在形式主要是与无机态硫络合。

参 考 文 献

[1] Coble P G. Characterization of marine and terrestrial DOM in seawater using excitation-emission matrix spectroscopy. Marine Chemistry, 1996, 51: 325-346.

[2] Yamashita Y, Jaffé R. Characterizing the interactions between trace metals and dissolved organic matter using excitation-emission matrix and parallel factor analysis. Environmental Science & Technology, 2008, 42: 7374-7379.

[3] Yu G H, Wu M J, Wei G R, et al. Binding of organic ligands with Al(Ⅲ) in dissolved organic matter from soil: implications for soil organic carbon storage. Environmental Science & Technology, 2012, 46: 6102.

[4] Wu J, Zhang H, He P J, et al. Insight into the heavy metal binding potential of dissolved organic matter in MSW leachate using EEM quenching combined with PARAFAC analysis. Water Research, 2011, 45: 1711-1719.

[5] Xi B D, He X S, Wei Z M, et al. The composition and mercury complexation characteristics of dissolved organic matter in landfill leachates with different ages. Ecotoxicology & Environmental Safety, 2012, 86: 227-232.

[6] Zarruk K K D, Scholer G, Dudal Y. Fluorescence fingerprints and Cu-complexing ability of individual molecular size fractions in soil- and waste-borne DOM. Chemosphere, 2007, 69: 540-548.

第 11 章　堆肥渗滤液中有机氮去除规律及其效应

11.1　游离态氨基酸的组成与去除

堆肥渗滤液含有多种有害物质，在安全处置之前要进行充分的处理。氮和有机质是渗滤液中两大主要的污染物[1, 2]，尤其是氮，可以分为有机氮和无机氮组分。先前的研究表明，无机氮通过硝化-反硝化过程首先被去除，然而大量的有机氮并没有被去除[3-6]。因此，DON 就成为最终出水的主要氮组分[1, 6]。

DON 是 DOM 的重要组成部分。DON 十分复杂，用目前的方法只能鉴定出30%的氮。已经确定的组分包括溶解性游离氨基酸（DFAAs）、溶解性结合态氨基酸（DCAAs）、氨基糖和乙二胺四乙酸。本书作者先前的研究发现堆肥渗滤液中的 DFAAs 不足 DON 的 1%，表明大多数的氨基酸是以 DCAAs 形式存在[1]。

先前有关渗滤液的报道主要在氨的研究方面，有关 DON 的组成特性却很少有报道。堆肥渗滤液中的 DON 组分浓度为 26.53～919.46 mg/L（表 11-1），占总氮（TN）的 26.02%～88.10%，可见 DON 是堆肥渗滤液中重要的氮组分。氨基酸是一种重要的含氮化合物。堆肥渗滤液中 DFAAs 含氮量为 0.010～0.265 mg/L（表 11-1），占 DON 的 0.005%～0.464%。大多数的 DFAAs 在新陈代谢中起重要作用，因此渗滤液中 DFAAs 组分很低。此外，如表 11-1 所示，硫酸盐和氯离子的最大浓度分别是 464.6 mg/L 和 11940.7 mg/L。高浓度的无机盐会导致蛋白质和多肽的盐析作用，渗滤液中溶解性蛋白质和多肽组分会大幅度减少。

表 11-1　不同处理阶段堆肥渗滤液氮浓度及其他参数

样品	TN/ (mg/L)	NH_4^+-N/ (mg/L)	DON/ (mg/L)	DON/ TN/%	DFAA-N/ (mg/L)	DFAA-N/ DON/%	SO_4^{2-}/ (mg/L)	Cl^-/ (mg/L)	pH	ORP/ mV	S/C
T1	1451.37	503.68	919.46	63.35	0.265	0.029	80.1	3576.7	7.8	−125	0.020
T2	968.24	527.89	414.45	42.80	0.187	0.045	72.4	3196.8	8.0	−136	0.015
T3	125.10	19.47	87.19	69.70	0.067	0.077	387.8	3777.4	8.8	−85	0.092
T4	101.96	70.53	26.53	26.02	0.123	0.464	67.3	792.5	8.6	−75	0.087
T5	204.12	21.84	163.11	79.91	0.078	0.048	404.7	3865.2	8.8	−87	0.082
T6	176.08	19.47	137.83	78.28	0.055	0.040	357.9	3663.2	8.7	−82	0.079
T7	99.41	32.11	49.52	49.81	0.017	0.034	361.5	3678.3	8.8	−87	0.094
T8	90.78	16.05	72.73	80.12	0.021	0.029	3.1	378.0	9.0	−99	0.043
T9	93.10	21.84	27.44	29.47	0.042	0.153	464.6	11940.7	8.5	−72	0.057
T10	126.86	0.10	111.77	88.10	0.010	0.009	361.6	3223.4	8.5	−72	0.082

　　样品采集如 10.1 节所述。如图 11-1 所示，18 种必需氨基酸中只有 4 种氨基酸被检测出，分别是组氨酸（His）、赖氨酸（Lys）、色氨酸（Trp）和精氨酸（Arg）。His 在所有样品中都存在。Lys 只在两个样品中被检测出来。Trp 和 Arg 只在一个样品中被检测出来。Dai 等[7]研究发现许多氨基酸（如 Lys）不能很快被同化，但是可以快速通过细胞膜进入细胞。His、Lys、Trp 和 Arg 由于同化作用比较缓慢，因此会出现在渗滤液中。此外，堆肥渗滤液呈现碱性（表 11-1），这 4 种氨基酸都是碱性氨基酸，因此在渗滤液微环境中并不能促进这 4 种氨基酸的降解。

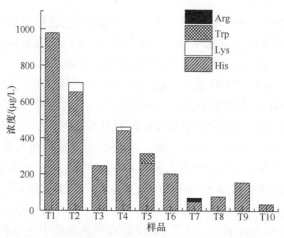

图 11-1　不同处理阶段堆肥渗滤液溶解游离性氨基酸各组分浓度

　　腐殖质类物质含有丰富的氮化合物。Hur 和 Cho 观察到[8]，在污染河流中类胡敏酸、类富里酸和类色氨酸组分与 TN 呈现显著的相关性。本节研究中，类胡敏酸和类富里酸物质的 F_{max} 与 DON 组分并没有相关性。然而，类色氨酸组分的 F_{max} 与 DON 表现出极显著的相关性（$R^2=0.919$，$P < 0.01$），类络氨酸组分也得到同样结果（$R^2=0.944$，$P < 0.01$），表明这两种类蛋白物质与含氮有机质相关，类胡敏酸物质衍生出的 DON 的百分含量可以通过类蛋白物质的 F_{max} 估算。污水中，类色氨酸、类络氨酸物质存在形态可能是游离分子态或结合到蛋白质、多肽或者腐殖质上[8]。如表 11-1 所示，堆肥渗滤液中的 DFAAs 组分浓度很低，表明三维荧光光谱检测到的类色氨酸和类络氨酸物质主要是结合到类胡敏酸和类富里酸上的。

11.2　酰胺态氮的组成与去除

　　为了确定生物和物化处理工艺 DCAAs 的去除效果，对堆肥渗滤液中不同处理阶段的 DCAAs 浓度进行了测量。浓度为 1.08～99.95 μmol N/L 的 DCAAs 经过污泥处理厂的生物和物化处理过程后大约 99%被去除［图 11-2（a）和表 11-2］。

DCAAs 根据所带电荷分为中性氨基酸：缬氨酸（Val）、丙氨酸（Ala）、异亮氨酸
（Ile）、甘氨酸（Gly）和亮氨酸（Leu）；碱性氨基酸：Lys、His 和 Arg；酸性氨基
酸：天冬氨酸（Asn）和谷氨酸（Glu）；含羟基氨基酸：丝氨酸（Ser）和苏氨酸
（Thr）；含芳香环氨基酸：络氨酸（Tyr）和苯丙氨酸（Phe）；含硫氨基酸：蛋氨
酸（Met）。图 11-2（b）表示堆肥渗滤液中能检测到的所有中性氨基酸为 DCAAs
主要成分（24.96%～100%）。此外，表 11-2 表示仅在反渗透出水中存在的 DCAAs。
这些结果表明中性氨基酸在本节研究使用的初级处理工艺过程中很难降解，存在
于低分子量和高分子量的有机质中。DCAAs 中的碱性氨基酸和酸性氨基酸分别占
6.53%～46.61%和 7.87%～23.63%，在除 T10 外的所有样品中都可以检测到。结
果表明碱性和酸性氨基酸主要结合到高分子量的有机质上。含羟基氨基酸、含芳
香环氨基酸和含硫氨基酸共占 DCAAs 的 6.27%～26.21%，也同样出现在反渗透
出水中，表明这三种氨基酸同样结合到高分子量的有机质上，但很容易通过膜处
理去除。高分子量的有机质主要是在堆肥过程中形成的类胡敏酸和类富里酸物
质[9, 10]。因此，大多数的 DCAAs 结合到堆肥渗滤液中的类胡敏酸和类富里酸物质上。

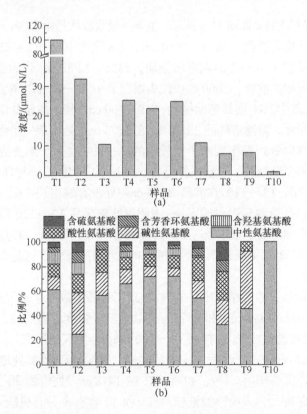

图 11-2　堆肥渗滤液中 DCAAs 的浓度（a）及不同种类 DCAAs 占总 DCAAs 的摩尔分数（b）

表 11-2　堆肥渗滤液中 DCAAs 浓度　　　　（单位：μmol/L）

样品	Gly	Ala	Ile	Lys	Glu	Leu	Asn	Phe	Val	Met	Thr	Ser	Arg	Tyr	His
T1	43.23	2.11	0.61	5.22	2.66	4.04	6.34	1.69	2.56	3.77	1.20	7.12	1.66	1.44	2.03
T2	0.98	1.30	0.14	1.39	0.80	1.04	1.92	0.76	1.03	1.51	0.62	1.09	3.78	0.73	0.89
T3	3.39	0.47	0.12	1.64	0.46	0.29	1.17	0.55	0.71	ND	ND	ND	ND	ND	ND
T4	11.57	1.18	0.33	1.70	0.65	0.59	1.54	0.63	0.81	0.60	0.38	0.62	0.03	0.52	0.78
T5	11.70	1.48	0.56	1.66	0.61	0.43	1.45	0.60	0.76	0.63	0.37	0.55	ND	ND	ND
T6	14.05	0.83	0.60	1.52	0.69	0.51	1.66	0.63	0.81	0.67	0.38	0.96	ND	ND	ND
T7	3.00	0.52	0.55	1.34	0.51	0.47	1.32	0.55	0.66	0.53	0.12	ND	ND	ND	ND
T8	1.01	0.23	0.05	1.20	0.41	ND	1.02	0.53	0.68	0.92	ND	ND	ND	ND	ND
T9	1.53	0.43	0.18	2.42	0.41	0.22	ND	ND	ND	ND	ND	ND	ND	ND	ND
T10	0.75	0.24	0.10	ND	ND	ND	ND	ND	ND	ND	ND	ND	ND	ND	ND

注：ND 代表浓度低于检测限值，未检测到。

11.3　其他形态氮的组成与去除

　　渗滤液样品的 FTIR 如图 11-3 所示，主要的吸收波段是由 DON 产生的[10,11]。酰胺和蛋白质物质相关波段：1690～1630 cm^{-1}代表酰胺中 C=O 伸缩振动；1580～1540 cm^{-1}代表酰胺中 N—H 面内弯曲振动；1335～1200 cm^{-1}代表酰胺Ⅲ中 C—N 伸缩振动。酰胺相关波段：1600 cm^{-1}代表酰胺Ⅱ中 N—H 面内弯曲振动；850～750 cm^{-1}代表酰胺中 NH$_2$ 面外弯曲振动；750～700 cm^{-1}代表酰胺Ⅱ中 N—H 弯曲振动。如图 11-3 所示，渗滤液样品 T1 和 T2 在 1573 cm^{-1}处出现一个强烈的峰，在大约 1297 cm^{-1}和 814 cm^{-1}处出现两个比较弱的峰，表明这两个渗滤液样品中含有较多蛋白质物质和少量酰胺。渗滤液样品 T3～T10 的 FTIR 图谱与样品 T1 和 T2 有明显的不同，样品 T3～T10 在波段 1573 cm^{-1}处没有峰出现（图 11-3），在波段 1670～1626 cm^{-1}处检测到强烈的宽峰，表明渗滤液样品 T3～T10 同样由蛋白质物质组成。在波段 829 cm^{-1}和 706 cm^{-1}处检测到两个强烈的峰，并且强度超过样品 T1 和 T2，表明好氧-厌氧处理工艺后，酰胺的浓度相对增加，这是由于酰胺相比于蛋白质更难降解。

　　如图 11-3 所示，检测结果中一些波段与 DON 没有联系。能够检测到样品 T1 和 T2 在 2969 cm^{-1}、2936 cm^{-1}和 2876 cm^{-1}处有三个强度较弱的峰，这是由脂肪族结构 C—H 伸缩振动造成的[12]。样品 T3～T10 在好氧-厌氧处理工艺后，在 2969 cm^{-1}、2936 cm^{-1}和 2876 cm^{-1}三个波段都未检测到峰，表明好氧-厌氧处理工艺对脂肪族有机质去除起到重要作用。样品 T1 和 T2 在 1418 cm^{-1}处检测到强烈的峰，该波段的峰与羧酸有关[13]，表明渗滤液样品 T1 和 T2 含有多种有机酸[14]。样品 T3～T10 在经过好氧-厌氧处理后，吸收峰从波段 1418 cm^{-1}移到 1384 cm^{-1}处，这是由

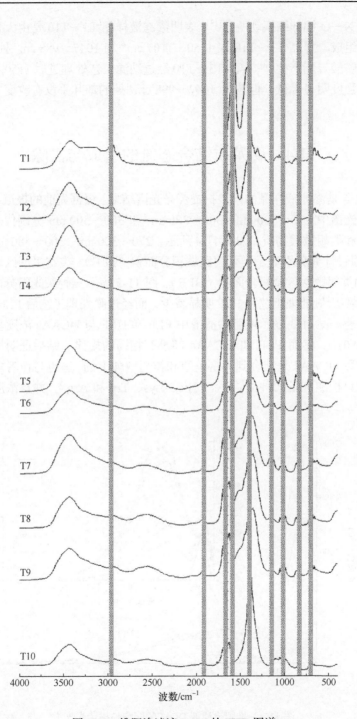

图 11-3　堆肥渗滤液 DOM 的 FTIR 图谱

硝酸盐中 N—O 键伸缩振动所致[13]，表明渗滤液样品 T3～T10 是由大量硝酸盐和一些羧酸组成。样品 T3～T10 在 1150～1107 cm⁻¹ 和 1047～988 cm⁻¹ 处存在宽峰，由多糖和磷酸二酯产生[13]。样品 T3～T10 经过纳滤工艺处理过后 1150～1107 cm⁻¹ 处波的峰强度明显降低，但波段 1047～998 cm⁻¹ 处的却几乎没有改变，需要进一步的研究。

11.4　腐殖质结合态氮的组成与去除

图 11-4 是渗滤液样品的同步扫描荧光光谱结果。根据先前的报道[10, 15]，同步扫描荧光光谱中 270～300 nm、300～380 nm 和 380～500 nm 分别代表类蛋白、类富里酸和类胡敏酸物质。如图 11-4 所示，270～300 nm、300～380 nm 和 380～500 nm 通过计算分别表示类蛋白区域积分面积（PLF）、类富里酸区域积分面积（FLF）和类胡敏酸区域积分面积（HLF）。图 11-5 表示三种荧光组分的不同迁移特性。好氧-厌氧处理工艺后 PLF 明显减少，而经过膜处理工艺后 FLF 和 HLF 去除效果显著。表 11-3 表示堆肥渗滤液中 FLF 和 HLF 与 DCAAs 浓度呈极显著相关（$P < 0.01$），然而 PLF 和 DCAAs 却没有相同的规律。结果证明堆肥渗滤液中的大多数 DCAAs 是结合到类富里酸和类胡敏酸上的，这也与作者之前研究在渗滤液中只检测到了四种 DCAAs（His、Lys、Trp 和 Arg），并且浓度较低的结果一致[14]。

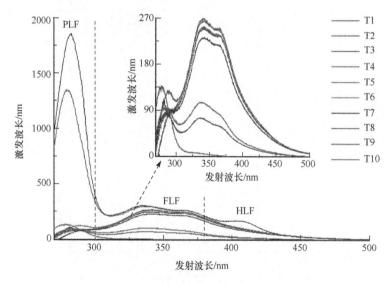

图 11-4　堆肥渗滤液 DOM 的同步扫描荧光光谱

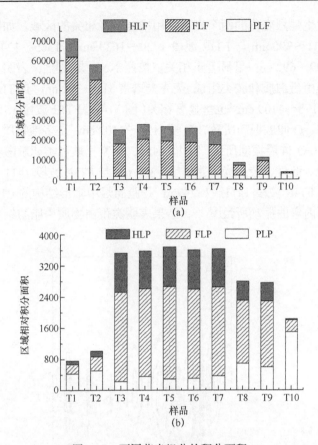

图 11-5 不同荧光组分的积分面积

（a）每个荧光区域的积分面积；（b）每个荧光区域的相对积分面积

表 11-3 不同荧光组分的相对荧光积分面积和 DCAAs 浓度相关性

	PLF	FLF	HLF	DCAAs
PLF	1	−0.543	−0.498	−0.18
		0.105	0.143	0.618
FLF		1	0.994**	0.825**
			0	0.003
HLF			1	0.827**
				0.003
DCAAs				1

注：显示显著性水平*$P < 0.05$，**$P < 0.01$。

使用基于 FTIR 和三维荧光光谱数据的二维相关性能谱法验证 DON 与各荧光组分之间的关系（图 11-6），白色椭圆形表示正相关，灰色区域表示负相关[11]。

正相关表明发生强烈变化的两个光谱共用耦合或者相关的区域。如图 11-6 所示，荧光光谱带 311~390 nm 与 FTIR 波段 1720~1639 cm^{-1}、1365~1245 cm^{-1}、840~829 cm^{-1}和 709~692 cm^{-1}呈显著正相关。按照 Noda 规则[16]，表明类富里酸和类胡敏酸物质是由蛋白质和胺类组成。荧光光谱带 311~390 nm 与 FTIR 波段 1510~1500 cm^{-1}和 1178~1109 cm^{-1}也呈显著相关（图 11-6）。FTIR 波段 1510~1500 cm^{-1}是木质素中 C=C 伸展振动所致，波段 1178~1109 cm^{-1}是多糖物质（如纤维素和半纤维素）C—O 伸展振动所致[10, 12]。因此，类富里酸和类胡敏酸物质源于木质素和多糖物质。此外，荧光光谱带 270~300 nm 与 FTIR 波段 1411~1324 cm^{-1}呈显著相关，而 FTIR 波段 1411~1324 cm^{-1}是脂肪烃中伞形结构的 CH$_3$ 和碳水化合物中 O—H 面内弯曲振动所致[13, 14]，结果表明类蛋白物质由脂肪结构和碳水化合物组成。

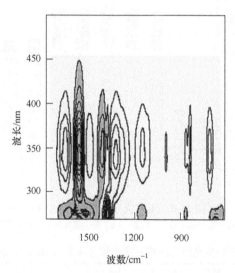

图 11-6　基于 FTIR 和同步扫描荧光光谱数据的二维相关性能谱分析

白色椭圆表示正相关，灰色区域表示负相关

　　如图 11-5（a）所示，在升流式厌氧污泥床（UASB）工艺后，PLF 值明显减小，样品 T3~T10 却没有明显的变化，表明大多数的脂肪结构和碳水化合物在生物处理过程中被去除。与此同时，FLF 和 HLF 值在 UASB 工艺后轻微的减小，而在纳滤工艺后，其值明显减小，这是因为纳滤膜阻留了大部分蛋白质、胺类、木质素和多糖类物质。PLF、FLF 和 HLF 的相对浓度 PLP、FLP 和 HLP 等于 PLF、FLF 和 HLF 值除以相应 DOC 浓度。如图 11-5（b）所示，PLP 值在初级好氧-厌氧阶段明显增加，说明类富里酸和类胡敏酸物质相较于类蛋白物质更难生物降解，这可能是由于类富里酸和类胡敏酸物质中存在木质素、纤维素、半纤维素和胺类。然而，图 11-5（b）同样显示，样品 T10 的 FLP 和 HLP 值较低，说明反渗透去除了大部分的类富里酸和类胡敏酸物质，表明木质素、纤维素、半纤维素和胺类在反渗透过程中被去除。

11.5　有机氮对重金属分布的影响

DON 能够和金属离子相互作用，对环境中金属的种类和存在形式起到至关重要的作用[17]。如表 11-4 所示，PLF 与 Mn 呈极显著相关（$P<0.01$），表明 Mn 结合到了堆肥渗滤液中脂肪结构和碳水化合物上。此外，HLF 与金属 Mo、Co 呈显著相关（$P<0.05$），然而 PLF 和 DCAAs 浓度却与金属 Mo、Co 没有显著的相关性。这些结果表明金属 Mo 和 Co 主要结合到了胺类、木质素和多糖物质上。PLF、FLF 和 HLF 与 Cr（$P<0.01$）和 Ni（$P<0.05$）都呈显著相关，表明脂肪组分、碳水化合物、蛋白质组分和胺类对金属 Cr 和 Ni 表现出很强的络合能力。然而，PLF、FLF 和 HLF 与金属 Cu、Zn 和 Cd 没有表现出显著相关性（表 11-4），说明渗滤液中蛋白质组分和胺类在金属 Cu、Zn 和 Cd 分配中起到重要作用。

表 11-4　不同荧光组分和重金属浓度的相关性

		Mn	Mo	Co	Cr	Ni	Cu	Zn	Cd
PLF	R	0.982**	0.145	−0.229	0.916**	0.674*	−0.465	−0.016	−0.527
	P	0.000	0.690	0.553	0.000	0.033	0.175	0.964	0.118
FLF	R	0.604	0.636*	0.599	0.825**	0.686*	0.080	0.230	−0.375
	P	0.064	0.048	0.088	0.003	0.028	0.826	0.523	0.286
HLF	R	0.562	0.719*	0.698*	0.782**	0.743*	0.112	0.292	−0.291
	P	0.091	0.019	0.036	0.008	0.014	0.757	0.412	0.414
DCAA	R	0.897**	0.561	−0.018	0.878**	0.852**	−0.270	0.180	−0.243
	P	0.000	0.092	0.964	0.001	0.002	0.451	0.619	0.499

注：显示显著性水平 $*P<0.05$，$**P<0.01$。

11.6　堆肥渗滤液有机氮的环境效应

图 11-7 表明堆肥渗滤液中 EDC 值为 $5.02\sim55.38\,\mu mol\,e^-/g\,C$，明显低于相应的 EAC 值（$124.11\sim635.03\,\mu mol\,e^-/g\,C$），这表明渗滤液中 DOM 被部分氧化，其原因可能是冻干的 DOM 在测定 ETC 之前暴露在空气中。根据 Yuan 等[18]的研究，高分子量的 DOM 对应的 ETC 值较大，相比较于其他 9 个样品，T9 的 ETC（EDC 和 EAC）值最大，这可能是因为样品 T9 没有通过膜处理过程致使其分子量较高。样品 T2 的 ETC 值排在第二位，高于样品 T1 和 T3，表明厌氧条件下的微生物还

原导致 ETC 值的增大，而好氧处理使 ETC 值减小。相似地，渗滤液中 DOM 的 ETC 值在好氧-厌氧处理工艺后减小，样品 T6 的 ETC 值最小。该发现表明高级氧化技术可以降低渗滤液样品 T6 的 ETC 值，这是由于在高级氧化阶段样品 T6 的分子量降低。

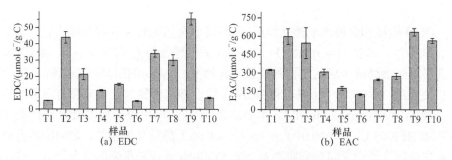

图 11-7　堆肥渗滤液 DOM 的电子转移能力

根据先前的报道[19-21]，DOM 的 ETC 功能主要源于芳香结构和醌基，二者的含量分别用 $SUVA_{254}$ 和 $SUVA_{436}$ 参数来描述。如表 11-5 所示，$SUVA_{254}$ 及 $SUVA_{436}$ 参数和 EDC 及 EAC 值之间并没有明显的相关性，表明芳香结构和醌基不能用来解释渗滤液样品的 ETC。此外，FLP 和 HLP 也同样与 EDC 和 EAC 没有相关性（表 11-5）。上述结果说明，与芳香结构和醌基类似，DON 没有转移电子的能力。除芳香结构和醌基外，羧基、氨基和络合态金属也与 ETC 值有关[22, 23]。堆肥渗滤液含有许多羧基和络合态金属，这是渗滤液 DOM 具有 ETC 的主要原因。

表 11-5　不同荧光组分和 $SUVA_{254}$、$SUVA_{436}$、EDC 和 EAC 的相关性

	PLP	FLP	HLP	$SUVA_{254}$	$SUVA_{436}$	EDC	EAC
PLP	1	−0.599	−0.677*	−0.688*	−0.585	−0.078	0.402
		0.067	0.032	0.028	0.076	0.831	0.250
FLP		1	0.971**	0.951**	0.615	0.020	−0.465
			0	0	0.059	0.957	0.176
HLP			1	0.986**	0.735*	−0.119	−0.527
				0	0.016	0.743	0.117
$SUVA_{254}$				1	0.755*	−0.060	−0.443
					0.012	0.870	0.199
$SUVA_{436}$					1	−0.041	−0.321
						0.910	0.366
EDC						1	0.507
							0.135
EAC							1

注：显示显著性水平*$P < 0.05$，**$P < 0.01$。

11.7 小　结

堆肥渗滤液中 DON 由蛋白质和胺类组成，并且大部分结合到类富里酸和类胡敏酸上。相较于蛋白质，胺类更难被生物降解和物化处理。蛋白质和胺类的金属络合性质不尽相同，例如，胺类可以与金属 Mo、Co、Cr 和 Ni 发生很强的络合作用，然而蛋白质只能与金属 Cr 和 Ni 络合。蛋白质和胺类并不能用来解释渗滤液 DOM 的 ETC。

参 考 文 献

[1] He X S, Xi B D, Cui D Y, et al. Influence of chemical and structural evolution of dissolved organic matter on electron transfer capacity during composting. Journal of Hazardous Materials, 2014, 268: 256-263.

[2] Trujillo D, Font X, Sánchez A. Use of Fenton reaction for the treatment of leachate from composting of different wastes. Journal of Hazardous Materials, 2006, 138: 201-204.

[3] Pehlivanoglu-Mantas E, Sedlak D L. Wastewater-derived dissolved organic nitrogen: analytical methods, characterization, and effects—a review. Critical Reviews in Environmental Science & Technology, 2006, 36: 261-285.

[4] Elif P M, Sedlak D L. Measurement of dissolved organic nitrogen forms in wastewater effluents: concentrations, size distribution and NDMA formation potential. Water Research, 2008, 42: 3890-3898.

[5] Czerwionka K, Makinia J, Pagilla K R, et al. Characteristics and fate of organic nitrogen in municipal biological nutrient removal wastewater treatment plants. Water Research, 2012, 46: 2057-2066.

[6] Zhao R, Novak J T, Goldsmith C D. Evaluation of on-site biological treatment for landfill leachates and its impact: a size distribution study. Water Research, 2012, 46: 3837-3848.

[7] Dai R H, Liu H J, Qu J H, et al. Effects of amino acids on microcystin production of the *Microcystis aeruginosa*. Journal of Hazardous Materials, 2009, 161: 730-736.

[8] Hur J, Cho J. Prediction of BOD, COD, and total nitrogen concentrations in a typical urban river using a fluorescence excitation-emission matrix with PARAFAC and UV absorption indices. Sensors, 2012, 12: 972.

[9] Naomi H, Andy B, David W, et al. Can fluorescence spectrometry be used as a surrogate for the biochemical oxygen demand (BOD) test in water quality assessment? An example from South West England. Science of the Total Environment, 2008, 391: 149-158.

[10] He X S, Xi B D, Wei Z M, et al. Spectroscopic characterization of water extractable organic matter during composting of municipal solid waste. Chemosphere, 2011, 82: 541-548.

[11] Yu G H, Tang Z, Xu Y C, et al. Multiple fluorescence labeling and two dimensional FTIR-^{13}C NMR heterospectral correlation spectroscopy to characterize extracellular polymeric

substances in biofilms produced during composting. Environmental Science & Technology, 2011, 45: 9224-9231.

[12] Amir S, Benlboukht F, Cancian N, et al. Physico-chemical analysis of tannery solid waste and structural characterization of its isolated humic acids after composting. Journal of Hazardous Materials, 2008, 160: 448-455.

[13] Huo S, Beidou X I, Haichan Y U, et al. Characteristics of dissolved organic matter (DOM) in leachate with different landfill ages. Journal of Environmental Sciences, 2008, 20: 492-498.

[14] He X S, Xi B D, Li D, et al. Influence of the composition and removal characteristics of organic matter on heavy metal distribution in compost leachates. Environmental Science & Pollution Research International, 2014, 21: 7522-7529.

[15] Jin H, Lee D H, Shin H S. Comparison of the structural, spectroscopic and phenanthrene binding characteristics of humic acids from soils and lake sediments. Organic Geochemistry, 2009, 40: 1091-1099.

[16] Noda I, Ozaki Y. Dynamic Two-dimensional Correlation Spectroscopy Based on Periodic, Perturbations. England: John Wiley & Sons, 2004.

[17] Yu G H, Wu M J, Wei G R, et al. Binding of organic ligands with Al(Ⅲ) in dissolved organic matter from soil: implications for soil organic carbon storage. Environmental Science & Technology, 2012, 46: 6102.

[18] Yuan Y, Zhou S, Yuan T, et al. Molecular weight-dependent electron transfer capacities of dissolved organic matter derived from sewage sludge compost. Journal of Soils and Sediments, 2013, 13(1): 56-63.

[19] Scott D T, Mcknight D M, Blunt-Harris E L, et al. Quinone moieties act as electron acceptors in the reduction of humic substances by humics-reducing microorganisms. Environmental Science & Technology, 1998, 32: 2984-2989.

[20] Maurer F, Christl I, Kretzschmar R. Reduction and reoxidation of humic acid: influence on spectroscopic properties and proton binding. Environmental Science & Technology, 2010, 44: 5787-5792.

[21] He X S, Xi B D, Li D, et al. Influence of the composition and removal characteristics of organic matter on heavy metal distribution in compost leachates. Environmental Science & Pollution Research International, 2014, 21: 7522-7529.

[22] Jiang T, Wei S Q, Flanagan D C, et al. Effect of abiotic factors on the mercury reduction process by humic acids in aqueous systems. Pedosphere, 2014, 24:125-136.

[23] Peretyazhko T, Sposito G. Reducing capacity of terrestrial humic acids. Geoderma, 2006, 137: 140-146.

第12章 堆肥有机质渗滤污染地下水过程及环境效应

12.1 研究区概述与样品采集

样品采集于天津农业活动区。该农业活动区种植年限超过 15 年，地下水为敞口井，长期使用地下水浇灌土地。农业活动区长期使用有机肥，为了杀灭害虫和病原而大量使用农药，因此，地下水已经受到了重金属和农药污染。在该地区共设置了 19 口采样井，具体位置如图 12-1 所示。于 2013 年 11 月采集样品，样品采集完毕后当天被运回实验室，进行常规指标、重金属和农药等分析。

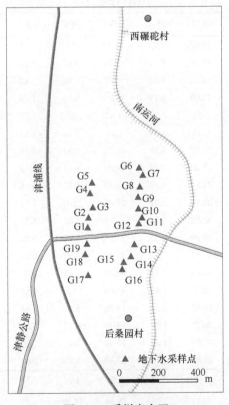

图 12-1　采样点布置

G1～G19 代表布置的 19 口采样井

12.2　常规指标分析

如表 12-1 所示，研究区地下水中总氮浓度为 14.8～132.6 mg/L，在各种形态的氮中，硝酸盐氮和溶解性有机氮的浓度较高，其浓度分别为 8.53～70.11 mg/L 和 2.50～59.69 mg/L，亚硝酸盐氮和氨氮浓度较低，其浓度分别为 0.82～2.97 mg/L 和 0.53～1.91 mg/L。上述结果表明，研究区受到了硝酸盐和有机质的污染。研究区中溶解性有机质的浓度（以溶解性有机碳计算）为 4.99～16.89 mg/L，进一步证实了研究区地下水中溶解性有机质含量较高。表 12-1 还显示，研究区地下水中无机盐含量很高，其氯离子和硫酸根浓度分别为 747.19～1006.60 mg/L 和 853.22～1228.17 mg/L，如此高的无机盐离子浓度会导致一些有机质发生盐析。研究区 pH 为 6.74～7.61，接近中性。因此，可以看出，研究区地下水处于高盐环境。

表 12-1　地下水基本理化特性

	浓度/（mg/L）									pH
	TN	NO_2^--N	NO_3^--N	NH_4^+-N	DON	DOC	F^-	Cl^-	SO_4^{2-}	
G1	44.49	1.73	22.63	0.93	19.20	14.01	0.73	864.17	1041.18	6.76
G2	36.25	1.86	19.38	1.23	13.78	6.65	0.93	877.02	1085.83	6.88
G3	27.43	2.54	14.32	1.10	9.47	6.90	0.82	821.11	988.71	6.74
G4	20.20	2.78	12.00	1.15	4.27	9.69	1.19	823.34	1012.74	7.60
G5	14.80	1.85	8.53	1.91	2.50	12.29	0.91	778.77	910.42	7.61
G6	18.24	1.86	9.56	1.54	5.28	8.78	1.15	747.19	853.22	7.57
G7	37.80	2.97	16.99	1.17	16.68	7.92	0.59	781.14	938.52	7.56
G8	45.05	2.37	23.20	1.19	18.29	8.13	1.15	803.26	975.46	7.53
G9	44.63	2.53	21.84	0.89	19.36	5.52	0.56	804.01	969.85	7.56
G10	45.07	2.54	21.14	0.91	20.48	12.16	1.17	803.38	956.01	7.56
G11	67.48	2.03	36.68	0.53	28.25	5.95	1.27	869.97	992.74	7.51
G12	77.93	1.45	40.79	0.73	34.96	5.09	0.86	902.85	1052.14	7.58
G13	87.02	1.97	48.57	0.58	35.90	7.25	0.97	926.61	1032.57	7.58
G14	97.64	2.04	53.36	1.77	40.47	7.25	1.08	923.25	1041.25	7.50
G15	93.34	0.82	50.04	1.49	41.00	16.89	0.85	888.39	990.19	7.53
G16	116.47	2.19	69.40	0.58	44.08	5.41	0.84	974.47	1228.17	7.53
G17	132.60	1.63	70.11	1.17	59.69	6.77	0.88	1006.60	1157.48	7.60
G18	65.75	2.33	41.05	1.47	20.90	6.93	1.26	958.51	1086.82	7.56
G19	57.75	2.35	29.47	1.13	24.80	8.49	0.62	949.04	1092.98	7.56
最小值	14.80	0.82	8.53	0.53	2.50	4.99	0.56	747.19	853.22	6.74
最大值	132.60	2.97	70.11	1.91	59.69	16.89	1.27	1006.60	1228.17	7.61
均值	59.47	2.10	32.07	1.13	24.18	8.41	0.94	868.58	1021.38	7.44

不同参数的相关性分析结果（表 12-2）也显示，研究区中总氮主要贡献成分为硝酸盐氮，总氮和硝酸盐氮二者浓度达到了极显著相关（$P < 0.01$），溶解性有机氮也与硝酸盐氮浓度达到了极显著相关（$P < 0.01$），与氨氮浓度未达到显著相关。氨氮是溶解性有机氮的一个重要产物，而有机氮转化为硝酸盐氮需要一个过程，二者中一个数量的增加会导致另一个形态氮的减少。上述溶解性有机氮与硝酸盐氮二者之间的显著正相关，表明溶解性有机氮所得结果可能有误。其他学者也认为[1]，通过总氮与其他形态无机氮差值计算所得的溶解性有机氮会有较大的误差。

表 12-2　地下水基本理化特性

		TN	NO_2^--N	NO_3^--N	NH_4^+-N	DON	F^-	Cl^-	SO_4^{2-}	DOC	pH
TN	R	1									
	P										
NO_2^--N	R	−0.436	1								
	P	0.062									
NO_3^--N	R	0.992**	−0.422	1							
	P	0	0.072								
NH_4^+-N	R	−0.266	−0.143	−0.256	1						
	P	0.271	0.558	0.29							
DON	R	0.986**	−0.463*	0.958**	−0.288	1					
	P	0	0.046	0	0.232						
F^-	R	−0.046	−0.005	0.004	0.12	−0.111	1				
	P	0.851	0.982	0.986	0.623	0.651					
Cl^-	R	0.848**	−0.329	0.868**	−0.233	0.801**	−0.039	1			
	P	0	0.169	0	0.337	0	0.874				
SO_4^{2-}	R	0.719**	−0.131	0.750**	−0.357	0.661**	−0.138	0.899**	1		
	P	0.001	0.594	0	0.133	0.002	0.575	0			
DOC	R	−0.233	−0.35	−0.255	0.431	−0.194	−0.023	−0.296	−0.35	1	
	P	0.337	0.141	0.292	0.065	0.427	0.926	0.219	0.141		
pH	R	0.277	0.039	0.276	0.068	0.262	0.217	0.081	−0.083	−0.115	1
	P	0.251	0.873	0.252	0.781	0.279	0.373	0.742	0.734	0.639	

注：显示显著性水平*$P < 0.05$，**$P < 0.01$。

研究区总氮、硝酸盐氮、氯离子和硫酸根离子浓度两两间都达到了极显著正相关（$P < 0.01$），显示研究区地下水中的硝酸盐、氯离子和硫酸根离子可能有相似的来源。研究区地下水中有机质的浓度与上述参数均未达到显著相关，但随着上述参数的增加，DOC 浓度呈下降趋势。但 DOC 与研究区氨氮的浓度呈正相关，其相关系数 R=0.431，显示研究区有机质是氨氮的一个重要来源。

12.3　溶解性有机质的二维光谱分析

为了进一步分析研究区溶解性有机质的组成和结构，采用同步荧光光谱、紫外-可见吸收光谱和红外光谱对有机质组成进行了探索。图 12-2（a）显示，研究区有机质的同步荧光光谱中 300 nm 处出现了一个明显的尖峰，同时在 288 nm、318 nm 和 358 nm 附近出现了三个肩峰。根据前人的报道可知[2, 3]，288 nm 处的荧光峰来源于带苯环的氨基酸及其结构类似物，而 300 nm 和 318 nm 处的荧光峰来源于类富里酸物质，358 nm 处的荧光峰来源于类胡敏酸物质。因此，上述结果表明，研究区地下水中溶解性有机质主要包括类蛋白物质、类富里酸物质和类胡敏酸物质。

研究区地下水中溶解性有机质的紫外-可见吸收光谱图［图 12-2(b)］在 220～240 nm 内出现了一个吸收峰，根据前人的报道可知，该位置处硝酸盐和有机质都能产生吸收[3]，因此其具体来源还需进一步分析。图 12-2（c）为研究区地下水中溶解性有机质的红外光谱图，在 3400 cm⁻¹、1633 cm⁻¹、1386 cm⁻¹、1146 cm⁻¹、671 cm⁻¹和 610 cm⁻¹处出现了六个明显的吸收峰。根据前人的研究[4-6]，3400 cm⁻¹处的吸收峰来源于羟基和水；1633 cm⁻¹处的吸收峰来源于酰胺化合物；1386 cm⁻¹处的吸收峰来源于硝酸盐；1146 cm⁻¹处的吸收峰来源于多糖类化合物（如纤维素和半纤维素）；671 cm⁻¹和 610 cm⁻¹处的吸收峰来源于硫酸盐中的 S—O 键。除了上述明显的峰外，一些弱的二级吸收峰也可观察到了。在这些弱的吸收峰中，3546 cm⁻¹处的吸收峰来源于甲基；1510 cm⁻¹处的吸收峰来源于木质素上的苯环；870 cm⁻¹处的吸收峰来源于无机碳酸盐；835 cm⁻¹处的吸收峰来源于胺类化合物。

由于红外光谱只能进行定性和半定量分析，为了进行定量分析，本节采用二维相关光谱研究了荧光光谱中不同光谱波段有机质的组成，以进行地下水中溶解性有机质的定量分析。图 12-3 为同步荧光光谱和红外光谱的二维异质相关光谱，显示同步荧光光谱中282～324 nm 内的荧光强度与红外光谱中1234～1066 cm⁻¹处的吸收峰呈正相关，表明同步荧光光谱中 284～327 nm 所对应的荧光有机质含有大量的多糖类化合物[7]。此外，图 12-3 还显示，296～307 nm 内的荧光物质还与红外光谱 1564～1463 cm⁻¹处的吸收峰呈弱正相关，表明这一波段内的荧光有机质还含有少量的木质素苯环结构和羧基。

为了进一步分析不同化合物在地下水中的分布特征，计算了 282～296 nm、296～307 nm、307～327 nm 内的荧光积分面积。所得结果如图 12-4 所示，地下水中 G1～G10 及与 G1 相邻的 G18、G19 的多糖、木质素化合物及羧基含量较高，而 G11～G17 上述物质含量较低。

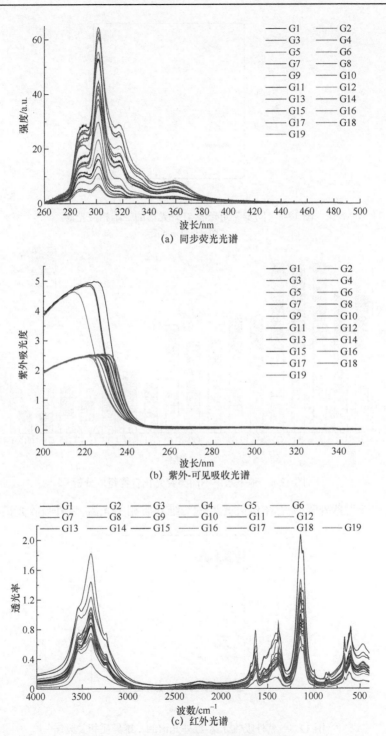

(a) 同步荧光光谱

(b) 紫外-可见吸收光谱

(c) 红外光谱

图 12-2　地下水中溶解性有机质的光谱图

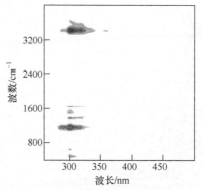

图 12-3　同步荧光光谱-红外光谱的二维相关光谱
本图另见书末彩图

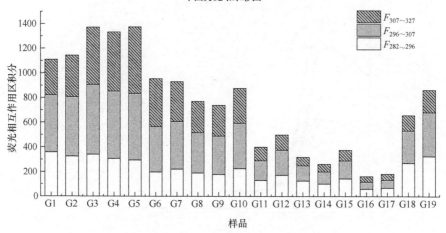

图 12-4　地下水中不同类荧光化合物组成分析

图 12-5 为紫外吸收光谱-红外光谱的二维异质相关光谱,紫外吸收光谱在 227～

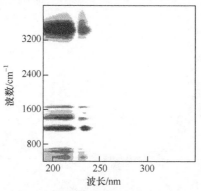

图 12-5　紫外吸收光谱-红外光谱的二维异质相关光谱
本图另见书末彩图

238 nm 内的吸收值与红外光谱 3211～3296 cm^{-1}、1701 cm^{-1}、1463～1392 cm^{-1}、734 cm^{-1}和 665～400 cm^{-1}处吸收峰呈正相关，表明 227～238 nm 内的紫外吸收值与羟基、酰胺基、羧基、胺及无机硫有关。

图 12-6 显示，与多糖类、木质素及木质素结合的羧基含量分布不同，地下水样品 G1～G10 中羟基、酰胺基、羧基、胺的含量低于样品 G11～G19，显示地下水中主要受到了蛋白质类化合物的污染。

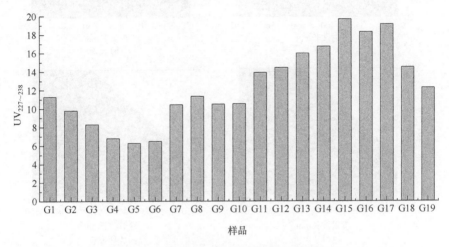

图 12-6　不同样品中 UV$_{227\sim238}$ 积分面积分布

12.4　溶解性有机质的三维荧光光谱分析

采用三维荧光光谱，结合平行因子分析了溶解性有机质的组成和结构特性。三维荧光光谱经平行因子分析鉴定出的四个组分如图 12-7 所示。四个组分中，C1 有两个荧光峰，其激发/发射波长分别为 240 nm/350 nm 和 275 nm/350 nm；C2 只有一个荧光峰，其激发/发射波长为 275 nm/330 nm；C3 也只有一个荧光峰，其激发/发射波长为 225 nm/330 nm。根据已有的报道可知[8, 9]，这三个荧光峰来源于类蛋白物质和苯酚化合物。C4 有三个荧光峰，其激发波长不同，但发射波长均相同，其位置为(250 nm、290 nm、327 nm)/415 nm，其来源于类腐殖质物质。

地下水中四个不同组分的相对含量如图 12-8 所示，显示样品 G1～G10 中类蛋白物质和类腐殖质物质含量之和较高，而样品 G11～G19 的较低。这可能与地下水的流向有关。进一步分析发现，C3 在 G1～G10 中检测到，而在 G11～G19 中只有与 G1 相邻的 G19 检测到了，表明 C3 在地下水上下游含量差异显著，可能为农业面源污染。

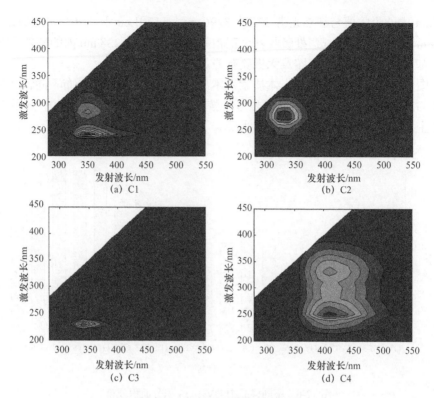

图 12-7　平行因子分析所得组分

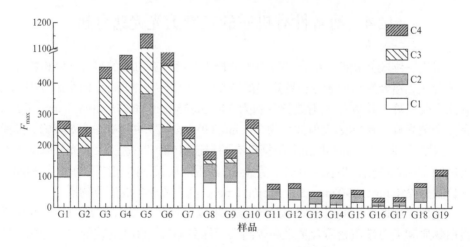

图 12-8　不同样品中四个组分的相对含量

表 12-3 显示，不同有机质参数均未与 DOC 达到显著相关，表明研究区地下水中有机质组成复杂，木质素、多糖类和蛋白质类物质在不同井中含量不一样，

这可能与地下水井为敞开井，受到了污染有关。表 12-3 还显示 $F_{282\sim296}$、$F_{296\sim307}$ 及 $F_{307\sim327}$ 均呈显著相关，这可能与它们都含有多糖类化合物有关。表 12-3 还显示，三维荧光光谱经平行因子分析出的四个荧光组分中，荧光 C1、C2 和 C4 均与 $F_{282\sim296}$、$F_{296\sim307}$ 及 $F_{307\sim327}$ 两两间呈显著或极显著正相关（$P<0.01$），表明它们的来源都相同，均来源于木质素和多糖类物质。然而，与组分 C1、C2 和 C4 不同的是，C3 只与 $F_{307\sim327}$ 达到了极显著相关，表明 C3 只来源于多糖类物质。而该类物质只在 G1~G10 中存在，G19 也含少量，表明 G1~G10 可能位于地下水下游，受到了农业面源污染物中所含的纤维素、半纤维素类物质的污染。

表 12-3　不同有机质参数相关性分析（$n=19$）

		DOC	$F_{282\sim296}$	$F_{296\sim307}$	$F_{307\sim327}$	$UV_{227\sim238}$	C1	C2	C3	C4
DOC	R	1								
	P									
$F_{282\sim296}$	R	0.327	1							
	P	0.172								
$F_{296\sim307}$	R	0.303	0.906**	1						
	P	0.207	0							
$F_{307\sim327}$	R	0.284	0.73**	0.943**	1					
	P	0.239	0	0						
$UV_{227\sim238}$	R	−0.108	−0.718**	−0.906**	−0.939**	1				
	P	0.66	0	0	0					
C1	R	0.325	0.621**	0.869**	0.98**	−0.912**	1			
	P	0.175	0.005	0	0	0				
C2	R	0.246	0.859**	0.986**	0.966**	−0.921**	0.904**	1		
	P	0.31	0	0	0	0	0			
C3	R	0.199	0.218	0.497	0.713**	−0.549	0.807**	0.592*	1	
	P	0.535	0.497	0.1	0.009	0.065	0.002	0.043		
C4	R	0.242	0.524*	0.805**	0.949**	−0.904**	0.979**	0.853**	0.739**	1
	P	0.317	0.021	0	0	0	0	0	0.006	

注：显示显著性水平*$P<0.05$，**$P<0.01$。

12.5　地下水中重金属污染特征及影响因素分析

表 12-4 显示，与木质素、纤维素和蛋白质类物质在 G1~G10 和 G11~G19 中的分布不一样类似，重金属在不同采样点中的分布差异也较大。Cr 在 G1~G10 中的浓度分布在 12.50~20.90 μg/L，而在 G11~G19 中的浓度分布在 6.79~

11.30 μg/L；Co 在 G1～G10 中的浓度分布在 0.79～0.90 μg/L，而在 G11～G19 中的浓度分布在 0.9～1.1 μg/L；Fe 在 G1～G10 中的浓度分布在 1.21～1.90 μg/L，而在 G11～G19 中的浓度分布在 2.20～2.81 μg/L，其他重金属在采样点 G1～G10 和 G11～G19 中未显示出明显的差异。上述结果表明，Cr 主要与木质素、纤维素物质结合在一起，而 Co 和 Fe 主要与蛋白质类物质结合在一起。表 12-5 的相关性分析显示，Cr 与 Mo 浓度也达到了显著正相关，表明其分布受相同因素影响；而 Co 与 Ni、Fe 达到了显著正相关，显示其分布受相同因素影响。此外，结果还显示，重金属 Cr、Mo 与重金属 Co、Ni、Fe 浓度呈显著负相关，显示这两类金属分布和来源差异较大。

表 12-4　地下水中重金属浓度分布　　　　（单位：μg/L）

	Cr	Co	Ni	Cu	Zn	Mo	Fe	Al
G1	13.10	0.79	5.34	1.70	4.89	1.06	1.70	233.00
G2	13.90	0.86	5.69	1.98	6.29	1.19	1.69	240.00
G3	19.10	0.87	5.46	2.45	4.96	1.17	1.69	226.00
G4	19.10	0.90	5.14	1.90	16.90	1.40	1.52	174.00
G5	20.90	0.88	4.97	2.00	11.50	3.04	1.35	79.80
G6	18.30	0.79	4.52	1.95	1.17	3.00	1.21	195.00
G7	17.30	0.89	5.93	2.35	5.87	1.60	1.79	163.00
G8	17.70	0.88	5.64	1.97	15.40	0.94	1.90	267.00
G9	12.50	0.89	5.45	2.29	3.33	0.86	1.89	109.00
G10	13.90	0.88	5.50	1.84	7.43	0.82	1.86	115.00
G11	10.00	0.95	6.99	1.87	1.96	0.70	2.34	102.00
G12	6.79	0.94	6.53	1.52	0.44	0.68	2.20	81.00
G13	8.56	0.93	8.50	1.80	6.09	0.92	2.33	98.20
G14	9.26	0.93	7.48	1.84	2.27	0.88	2.43	154.00
G15	9.25	0.91	7.31	3.96	4.69	1.02	2.32	115.00
G16	11.00	1.01	7.67	1.95	11.40	1.06	2.53	181.00
G17	10.80	1.10	8.78	2.83	18.40	0.76	2.81	200.00
G18	11.30	0.93	7.33	2.25	7.12	1.02	2.34	142.00
G19	10.60	0.90	6.94	1.93	4.92	1.05	2.25	140.00
最小值	6.79	0.79	4.52	1.52	0.44	0.68	1.21	79.80
最大值	20.90	1.10	8.78	3.96	18.40	3.04	2.81	267.00
均值	13.33	0.91	6.38	2.13	7.11	1.22	2.01	158.68

表 12-5　地下水中不同重金属相关性分析

		Cr	Co	Ni	Cu	Zn	Mo	Fe	Al
Cr	R	1							
	P								
Co	R	−0.488*	1						
	P	0.034							
Ni	R	−0.763**	0.808**	1					
	P	0	0						
Cu	R	−0.059	0.237	0.258	1				
	P	0.811	0.328	0.286					
Zn	R	0.365	0.426	0.109	0.131	1			
	P	0.125	0.069	0.656	0.593				
Mo	R	0.688**	−0.456*	−0.557*	−0.053	0.021	1		
	P	0.001	0.05	0.013	0.831	0.933			
Fe	R	−0.817**	0.829**	0.944**	0.245	0.077	−0.716**	1	
	P	0	0	0	0.313	0.754	0.001		
Al	R	0.397	−0.209	−0.227	−0.007	0.35	−0.005	−0.203	1
	P	0.093	0.39	0.35	0.977	0.142	0.984	0.405	

注：显示显著性水平 *$P<0.05$，**$P<0.01$。

　　为进一步分析地下水中重金属分布与有机质分布的关联，采用相关性分析研究了重金属与有机质参数的相关性（表 12-6）。结果显示，所有重金属均未与 DOC 达到显著相关，表明并不是所有贡献 DOC 的有机质都能结合重金属，但是 Cu 与 DOC 的正相关系数达到了 0.437，远高于其他重金属，表明 Cu 能结合在大部分有机质上。然而，Cu 的浓度与 $F_{282\sim296}$、$F_{296\sim307}$ 及 $F_{307\sim327}$ 均无相关性，表明木质素上的羧基对 Cu 的络合能力较差。但是，Cu 的浓度与 $UV_{230\sim240}$ 的正相关系数为 0.393，表明氨基、羟基和非苯环上的羧基对 Cu 有较强的络合能力。Cr 与有机质参数 $F_{296\sim307}$、$F_{307\sim327}$、C1、C2 及 C4 达到了极显著正相关（$P<0.01$），表明重金属 Cr 主要结合在木质素的羧基上。相反的是，Co、Ni、Fe 与上述有机质参数均达到了显著或极显著负相关，表明木质素上的羧基对这些金属结合能力不强。但是 Co、Ni、Fe 与 $UV_{230\sim240}$ 达到了极显著正相关（$P<0.01$），表明这三种重金属主要结合在氨基、羟基和非苯环上的羧基上。

表 12-6 地下水中有机质与重金属相关性分析

		Cr	Co	Ni	Cu	Zn	Mo	Fe	Al
DOC	R	0.24	−0.409	−0.316	0.437	0.071	0.276	−0.317	−0.008
	P	0.323	0.082	0.187	0.062	0.774	0.253	0.187	0.974
$F_{282\sim296}$	R	0.530*	−0.678**	−0.650**	−0.196	−0.047	0.283	−0.665**	0.266
	P	0.02	0.001	0.003	0.421	0.849	0.241	0.002	0.271
$F_{296\sim307}$	R	0.797**	−0.706**	−0.847**	−0.198	0.071	0.476*	−0.869**	0.291
	P	0	0.001	0	0.415	0.772	0.039	0	0.227
$F_{307\sim327}$	R	0.910**	−0.641**	−0.876**	−0.164	0.14	0.665**	−0.929**	0.225
	P	0	0.003	0	0.502	0.568	0.002	0	0.354
$UV_{230\sim240}$	R	−0.827**	0.716**	0.907**	0.393	0.013	−0.621**	0.936**	−0.175
	P	0	0	0	0.096	0.956	0.005	0	0.473
C1	R	0.911**	−0.599**	−0.853**	−0.159	0.165	0.757**	−0.924**	0.143
	P	0	0.007	0	0.517	0.5	0	0	0.56
C2	R	0.839**	−0.683**	−0.844**	−0.177	0.049	0.557*	−0.883**	0.268
	P	0	0.001	0	0.468	0.841	0.013	0	0.267
C3	R	0.624*	−0.093	−0.49	−0.202	0.262	0.786**	−0.628*	−0.386
	P	0.03	0.773	0.106	0.53	0.41	0.002	0.029	0.215
C4	R	0.917**	−0.570*	−0.837**	−0.154	0.154	0.814**	−0.920**	0.156
	P	0	0.011	0	0.53	0.529	0	0	0.524

注：显示显著性水平*$P<0.05$，**$P<0.01$。

12.6 地下水中农药污染特征及影响因素分析

监测地下水中有机氯农药和有机磷农药，有机氯农药包括 α-HCH、β-HCH、γ-HCH、δ-HCH、艾氏剂、狄氏剂、异狄氏剂醛、α-硫丹、β-硫丹、硫丹硫酸酯、4,4′-DDT、4,4′-DDE、4,4′-DDD。如表 12-7 所示，地下水中未检测到 α-HCH，而 γ-HCH 和 δ-HCH 的检出率却均达到了100%，其浓度分别分布在 0.067~0.537 μg/L 和 0.139~0.774 μg/L，β-HCH 也有 63.16% 的地下水采样点检测到，其浓度分布在 0.164~0.272 μg/L。HCH 有两种来源，工业 HCH 和林丹，工业 HCH 主要由 α-HCH 组成，林丹主要由 γ-HCH 组成，因此，研究结果显示本节研究区 HCH 来源于林丹。在 HCH 中，β-HCH 较为稳定，不易降解和挥发。可以通过 β-HCH 和 γ-HCH 的比值判断地下水中农药的来源，当 γ-HCH/β-HCH>2.8 时，表示地下水中 HCH 有新的来源。本节研究区 γ-HCH/β-HCH 在 1.71~2.19，表明地下水中的 HCH 来源于历史残留。本节研究区艾氏剂只在一个样品中检测到，而其降解和转化产物狄氏剂和异狄氏剂醛均未检测到。工业硫丹是 α-硫丹和 β-硫丹的混合物，二者配比为 7：3，在环境中硫丹会降解为毒性更强的硫丹硫酸酯。本节研究区 α-硫丹全部检测到，其浓度分布在 0.023~0.306 μg/L，β-硫丹的检出率只有 63.16%，浓度分布在 0.005~0.056 μg/L，硫丹硫酸酯只有一个样品检出。上述结果表明，硫丹已有部分降解。DDT 分为工业 DDT 和三氯杀螨醇，工业 DDT 由 70%的 4,4'-DDT和 20%的 2,4'-DDT 组成；三氯杀螨醇的原药组成主要为 2,4'-DDT。本节研究中未检测到 2,4'-DDT，显示地下水中 DDT 主要来自工业滴滴涕，DDT 可以降解为DDE，然后 DDE 再降解为 DDD，或者直接从 DDT 降解为 DDD。研究显示，DDT在土壤好氧条件下主要降解为 DDE，而在厌氧条件下主要降解为 DDD。因此，上述结果表明，研究区 DDT 在好氧条件下降解成 DDE 后进入地下水。研究显示，可以通过 DDE/DDT 来分析地下水中 DDT 的来源，DDE/DDT>0.5 时说明地下水中 DDT 的来源久远。本节研究区 DDE/DDT 基本分布在 0.94~1.33，表明地下水中 DDT 的来源久远。

表 12-7　地下水中有机氯农药分布

指标	β-HCH	γ-HCH	δ-HCH	艾氏剂	γ-HCH/ β-HCH	α-硫丹	β-硫丹	硫丹硫酸酯	4,4'-DDE	4,4'-DDT	DDE/DDT
最小值/(μg/L)	0.164	0.067	0.139	0.049	1.71	0.023	0.005	0.02	0.025	0.021	0.94
最大值/(μg/L)	0.272	0.537	0.774	0.049	2.19	0.306	0.056	0.02	0.05	263.601	1.33
平均值/(μg/L)	0.232	0.326	0.336	0.049	0.13	0.034	0.02	0.037	37.685		
检出率/%	63.16	100	100	5.26		100	63.16	5.26	63.16	63.16	

本节研究区有机磷农药检测种类包括敌敌畏、甲拌磷、二嗪磷、久效磷、乐果、毒死蜱、甲基毒死蜱、对硫磷、嘧啶磷、甲基对硫磷、毒虫畏、甲基毒虫畏、喹硫磷、丙硫磷、克线磷、乙硫磷、三硫磷。如表 12-8 所示，19 个样品中，敌敌畏、二嗪磷、嘧啶磷、甲基毒死蜱、丙硫磷、克线磷、乙硫磷、三硫磷未检测到；甲拌磷、甲基对硫磷、甲基毒虫畏均只有一个样品中检测到；乐果和喹硫磷只有两个样品有检出；对硫磷在三个样品中检出；久效磷、毒死蜱和毒虫畏检出率较高，分别为 57.89%、42.11%和 84.21%，其检出浓度分别为 0.033~0.102 μg/L、0.019~0.147 μg/L 及 0.017~0.079 μg/L。

表 12-8　地下水中有机磷农药分布

指标	甲拌磷	久效磷	乐果	对硫磷	甲基对硫磷	毒死蜱	毒虫畏	甲基毒虫畏	喹硫磷
最小值/(μg/L)	0.284	0.033	0.101	0.058	0.107	0.019	0.017	0.058	0.050
最大值/(μg/L)	0.284	0.102	0.588	0.223	0.107	0.147	0.079	0.058	0.149
平均值/(μg/L)	0.284	0.061	0.345	0.136	0.107	0.066	0.046	0.058	0.099
检出率/%	5.26	57.89	10.53	15.79	5.26	42.11	84.21	5.26	10.53

　　本节研究区不同农药的相关性分析结果如表 12-9 所示。γ-HCH 与 β-HCH 浓度达到极显著正相关（$P < 0.01$），而与 δ-HCH 浓度达到极显著负相关（$P < 0.01$），4,4′-DDE 也与 γ-HCH、β-HCH 浓度达到极显著正相关（$P < 0.01$），而与 δ-HCH 浓度达到极显著负相关（$P < 0.01$），但 4,4′-DDT 与 α-硫丹浓度达到了显著正相关（$P < 0.05$）；在有机磷农药方面，久效磷与 α-硫丹和 4,4′-DDT 的浓度均达到了极显著正相关（$P < 0.01$），与毒死蜱的浓度也达到了显著正相关（$P < 0.05$）。上述结果表明，4,4′-DDT、α-硫丹、久效磷和毒死蜱在使用后可能受到了相似因素的影响。

表 12-9　地下水中不同农药相关性分析

		β-HCH	γ-HCH	δ-HCH	α-硫丹	β-硫丹	4,4′-DDE	4,4′-DDT	久效磷	毒死蜱	毒虫畏
β-HCH	R	1									
	P										
	n	12									
γ-HCH	R	0.915**	1								
	P	0									
	n	12	19	19							
δ-HCH	R	−0.309	−0.757**	1							
	P	0.329	0								
	n	12	19	19	19						
α-硫丹	R	−0.276	0.315	0.054	1						
	P	0.385	0.189	0.827							
	n	12	19	19	19	12					
β-硫丹	R	−0.426	0.508	−0.322	0.408	1					
	P	0.253	0.092	0.308	0.188						
	n	9	12	12	12	12	10				
4,4′-DDE	R	0.928**	0.959**	−0.793**	−0.143	0.349	1				
	P	0	0	0.001	0.641	0.322					
	n	12	13	13	13	10	13	13			
4,4′-DDT	R	−0.28	−0.108	0.338	0.622*	0.443	−0.101	1			
	P	0.378	0.726	0.259	0.023	0.2	0.743				
	n	12	13	13	13	10	13	13			
久效磷	R	−0.222	0.19	0.014	0.687**	0.552	−0.026	1.000**	1		
	P	0.632	0.515	0.962	0.007	0.123	0.951	0			
	n	7	14	14	14	9	8	8	14		
毒死蜱	R	−0.418	0.07	−0.103	−0.293	0.637	0.272	0.171	0.838*	1	
	P	0.582	0.858	0.792	0.444	0.248	0.658	0.783	0.018		
	n	4	9	9	9	5	5	5	7	9	
毒虫畏	R	−0.251	−0.167	0.196	0.147	0.462	0.309	0.285	0.313	0.36	1
	P	0.485	0.522	0.451	0.574	0.179	0.355	0.395	0.321	0.342	
	n	10	17	17	17	10	11	11	12	9	17

　　注：显示显著性水平*$P < 0.05$，**$P < 0.01$。

天然有机质与农药相关性分析结果（表 12-10）显示，地下水中 DOC 与久效磷的相关性最好（R=0.596，P = 0.053），其他农药与 DOC 的相关性分析结果的 P 均大于 0.1。荧光有机质相关性分析结果显示，β-HCH 的浓度与 $F_{282\sim296}$（$P < 0.05$）、$F_{296\sim307}$（$P < 0.01$）、$F_{307\sim327}$（$P < 0.01$）、C1（$P < 0.05$）、C2（$P < 0.01$）、C4（$P < 0.01$）均达到了显著负相关或极显著负相关，显示多糖和木质素促进了 β-HCH 的降解；不同的是 δ-HCH 的浓度却与 $F_{282\sim296}$（$P < 0.05$）达到显著正相关，显示多糖类物质不利于 δ-HCH 的降解。α-硫丹与 $F_{296\sim307}$（$P < 0.05$）、$F_{307\sim327}$（$P < 0.01$）、C1（$P < 0.01$）、C2（$P < 0.01$）、C3（$P < 0.05$）和 C4（$P < 0.01$）也都达到了显著或极显著正相关，显示地下水中的 α-硫丹与多糖和木质素结合在一起，这可能与硫丹化合物有两个环结构和含氧官能团有关。4,4′-DDE 的浓度与 $F_{282\sim296}$（$P < 0.01$）、$F_{296\sim307}$（$P < 0.01$）、$F_{307\sim327}$（$P < 0.01$）达到了极显著负相关，而与 C2（$P < 0.05$）达到了显著负相关，显示木质素和多糖类化合物不利于 DDT 降解和转化成 DDE；4,4′-DDT 的浓度与 $F_{282\sim296}$（$P < 0.1$）、$F_{307\sim327}$（$P < 0.1$）达到正相关，与 C1（$P < 0.05$）达到显著正相关，与 C3 为极显著相关，显示 4,4′-DDT 主要结合在多糖类化合物上。久效磷的浓度与 C1（$P < 0.05$）达到了显著正相关，与 C3（$P < 0.01$）达到了极显著正相关，显示久效磷大部分主要结合在木质素的苯环上，小部分结合在多糖结构上。毒虫畏的浓度与 C3（$P < 0.05$）达到了显著正相关，显示该农药也结合在苯环结构上。毒死蜱的浓度虽然未与其他参数达到显著相关，但是随着 $F_{282\sim296}$、$F_{296\sim307}$、$F_{307\sim327}$ 的增大而增大，随着 $UV_{230\sim240}$ 的增大而减小，显示毒死蜱上的苯环结构也与木质素的苯环结合在一起，但地下水中蛋白物质的增加有利于其降解。$UV_{230\sim240}$ 与 β-HCH 的浓度达到显著正相关（$P < 0.05$），而与 α-硫丹浓度达到了极显著负相关（$P < 0.01$），显示蛋白物质有利于 α-硫丹的降解与转化。

表 12-10　地下水中天然有机质与农药相关性分析

		β-HCH	γ-HCH	δ-HCH	α-硫丹	β-硫丹	4,4′-DDE	4,4′-DDT	久效磷	毒死蜱	毒虫畏
DOC	R	−0.151	0.104	0.048	0.355	0.171	−0.331	0.315	0.596	0.302	−0.034
	P	0.639	0.67	0.846	0.136	0.595	0.293	0.319	0.053	0.468	0.899
	n	12	19	19	19	12	12	12	11	8	16
$F_{282\sim296}$	R	−0.668*	−0.367	0.510*	0.323	−0.162	−0.723**	0.514	0	0.485	0.457
	P	0.018	0.122	0.026	0.177	0.614	0.008	0.087	0.999	0.223	0.075
	n	12	19	19	19	12	12	12	11	8	16
$F_{296\sim307}$	R	−0.738**	−0.193	0.302	0.551*	0.222	−0.797**	0.494	−0.114	0.476	0.457
	P	0.006	0.428	0.209	0.014	0.487	0.002	0.103	0.739	0.234	0.075
	n	12	19	19	19	12	12	12	11	8	16
$F_{307\sim327}$	R	−0.757**	−0.058	0.135	0.667**	0.441	−0.800**	0.566	−0.210	0.333	0.483
	P	0.004	0.814	0.582	0.014	0.152	0.002	0.055	0.535	0.420	0.058
	n	12	19	19	19	12	12	12	11	8	16

续表

		β-HCH	γ-HCH	δ-HCH	α-硫丹	β-硫丹	4,4'-DDE	4,4'-DDT	久效磷	毒死蜱	毒虫畏
UV$_{230\sim240}$	R	0.674*	−0.018	−0.098	−0.644**	−0.286	0.459	−0.408	0.332	−0.288	−0.391
	P	0.016	0.943	0.69	0.003	0.367	0.115	0.166	0.319	0.489	0.134
	n	12	19	19	19	12	13	13	11	8	16
C1	R	−0.704*	0.02	0.058	0.717**	0.49	−0.474	0.612*	0.567*	0.237	0.391
	P	0.011	0.935	0.813	0.001	0.106	0.102	0.026	0.034	0.539	0.12
	n	12	19	19	19	12	13	13	14	9	17
C2	R	−0.775**	−0.186	0.278	0.587**	0.277	−0.643*	0.545	0.403	0.254	0.3
	P	0.003	0.445	0.249	0.008	0.383	0.018	0.054	0.154	0.51	0.242
	n	12	19	19	19	12	13	13	14	9	17
C3	R	−0.267	0.093	0.095	0.634*	0.462	−0.023	0.959**	0.955**	−0.078	0.678*
	P	0.522	0.775	0.769	0.027	0.21	0.953	0	0	0.868	0.022
	n	8	12	12	12	9	9	9	9	7	11
C4	R	−0.785**	0.049	−0.006	0.697**	0.492	−0.436	0.546	0.521	0.221	0.367
	P	0.002	0.842	0.98	0.001	0.104	0.137	0.054	0.056	0.568	0.148
	n	12	19	19	19	12	13	13	14	9	17

注：显示显著性水平*$P<0.05$，**$P<0.01$。

12.7 小　结

采用紫外-可见吸收光谱、红外光谱及荧光光谱，结合二维相关光谱分析，研究了地下水中有机质的组成及环境效应。研究结果显示，研究区地下水无机盐含量较高，其中的有机质有两个不同的来源，一个来源于牛粪污染，其中含有大量的多糖类和木质素类化合物；一个来源于鸡粪等污染，其中以蛋白质类物质污染为主。重金属中 Cr 和 Mo 主要与木质素羧基、纤维素物质结合在一起，Cu 能结合在大部分有机质上，但对木质素羧基的结合能力较差；而 Co、Ni、Fe 与蛋白质类物质的羟基、羧基和氨基结合在一起。地下水中主要农药污染物为 HCH、DDT 和硫丹，其主要是历史残留；久效磷、毒死蜱和毒虫畏污染较重，为主要的有机磷农药污染物。地下水中 DDT、硫丹、γ-HCH、久效磷、毒死蜱和毒虫畏与木质素苯环和多糖类化合物结合在一起，它们的结合降低了其降解性，不利于 γ-HCH 转化为 β-HCH，也不利于 DDT 好氧降解为 DDE。但是蛋白质类化合物有利于 γ-HCH 和 α-硫丹的降解和转化。

参 考 文 献

[1] Pehlivanoglu-Mantas E, Sedlak D L. Wastewater-derived dissolved organic nitrogen: analytical methods, characterization, and effects—a review. Critical Reviews in Environmental Science &

Technology, 2006, 36: 261-285.

[2] Jin H, Lee D H, Shin H S. Comparison of the structural, spectroscopic and phenanthrene binding characteristics of humic acids from soils and lake sediments. Organic Geochemistry, 2009, 40: 1091-1099.

[3] He X S, Xi B D, Wei Z M, et al. Spectroscopic characterization of water extractable organic matter during composting of municipal solid waste. Chemosphere, 2011, 82(4): 541-548.

[4] Huo S L, Xi B D, Yu H C, et al. Characteristics of dissolved organic matter (DOM) in leachate with different landfill ages. Journal of Environmental Sciences, 2008, 20(4): 492-498.

[5] He X S, Xi B D, Wei Z M, et al. Fluorescence excitation-emission matrix spectroscopy with regional integration analysis for characterizing composition and transformation of dissolved organic matter in landfill leachates. Journal of Hazardous Materials, 2011, 190: 293-299.

[6] Yu, G H, Tang Z, Xu Y C, et al. Multiple fluorescence labeling and two dimensional FTIR-¹³C NMR heterospectral correlation spectroscopy to characterize extracellular polymeric substances in biofilms produced during composting. Environmental Science & Technology, 2011, 45: 9224-9231.

[7] Noda I, Ozaki Y. Two-dimensional Correlation Spectroscopy: Applications in Vibrational and Optical Spectroscopy. England: John Wiley & Sons, 2005.

[8] Yu G H, Wu M J, Wei G R, et al. Binding of organic ligands with Al(Ⅲ) in dissolved organic matter from soil: implications for soil organic carbon storage. Environmental Science & Technology, 2012, 46: 6102.

[9] He X S, Zhang Y L, Liu Z H, et al. Interaction and coexistence characteristics of dissolved organic matter with toxic metals and pesticides in shallow groundwater. Environmental Pollution, 2020(258):113736.

彩 图

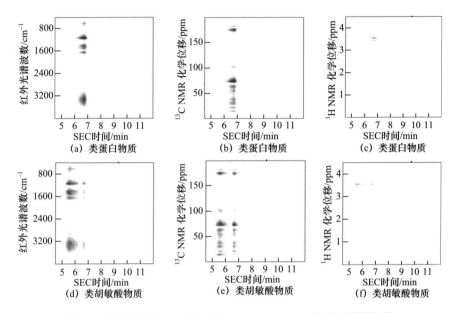

(a) 类蛋白物质 (b) 类蛋白物质 (c) 类蛋白物质

(d) 类胡敏酸物质 (e) 类胡敏酸物质 (f) 类胡敏酸物质

图 2-4 堆肥提取 DOM 的二维 SEC-FTIR/NMR 异质相关同步谱

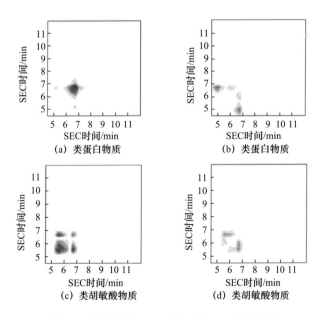

(a) 类蛋白物质 (b) 类蛋白物质

(c) 类胡敏酸物质 (d) 类胡敏酸物质

图 2-5 堆肥提取 DOM 的二维 SEC 相关光谱

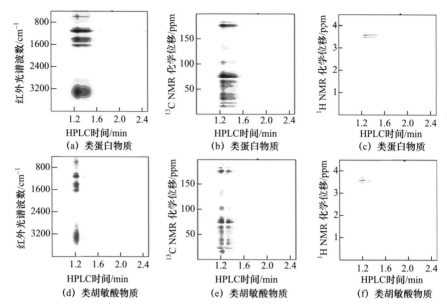

图 2-8　堆肥提取 DOM 的二维 RP-HPLC-FTIR/NMR 异质相关同步谱

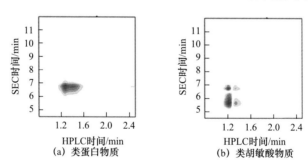

图 2-9　堆肥提取 DOM 的二维 HPLC-SEC 异质相关同步谱

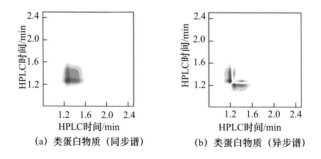

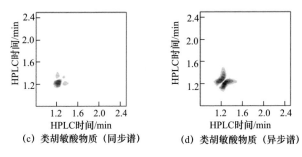

(c) 类胡敏酸物质（同步谱）　　(d) 类胡敏酸物质（异步谱）

图 2-10　堆肥提取 DOM 的二维 RP-HPLC 相关谱

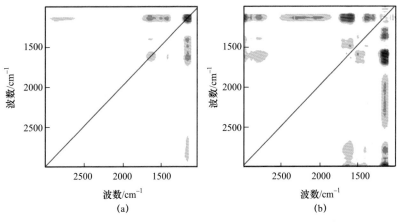

(a)　　　　　　　　　　　(b)

图 3-1　生活垃圾堆肥提取 DOM 的 2D FTIR 相关光谱

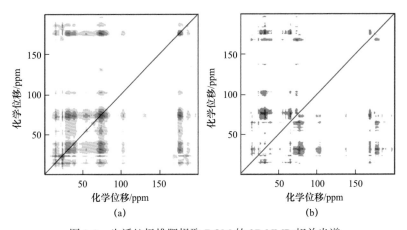

(a)　　　　　　　　　　　(b)

图 3-2　生活垃圾堆肥提取 DOM 的 2D NMR 相关光谱

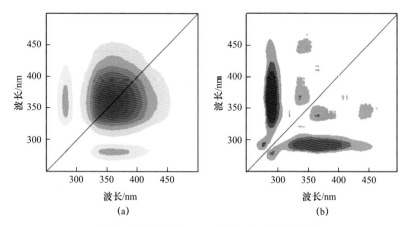

图 3-3 堆肥提取 DOM 的 2D SF 相关光谱

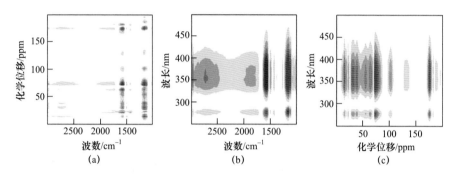

图 3-4 生活垃圾堆肥提取 DOM 的 2D 异质相关光谱

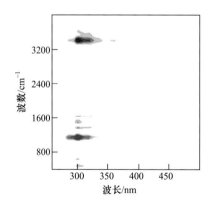

图 12-3 同步荧光光谱-红外光谱的二维
相关光谱

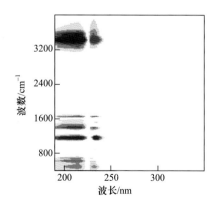

图 12-5 紫外吸收光谱-红外光谱的二维
异质相关光谱